特異摂動の代数解析学

特異摂動の代数解析学

河合隆裕・竹井義次

岩波書店

まえがき

　摂動論，すなわち対象とする系の支配法則が微小な変化 ϵ を受けたとき，その変化の直接的影響として現われる対象の変化，直接的影響（の主要部）が産み出す 2 次的変化，あるいはさらに一般に高次の変化，それらをすべて（あるいは十分高い次数まで）足し合わせて真の解答の近似とする，という方法論は極めて自然なものであり，数学に限らず exact science のすべての分野で始終用いられている，と言っても過言ではないだろう．しかし，自然は時として（いや「常に」と言うべきかも知れぬ）人間が「自然」と思う以上に一見複雑な，しかも実は極めて美しい構造をその内に秘めている．「摂動」の考え方も，その例にもれない；実際に現われる摂動の問題のほとんどすべては，$\epsilon=0$ での様相と $\epsilon\neq0$ での様相がまったく異質な，いわゆる**特異摂動** (singular perturbation) であり，その解析的な現われとして，すべての次数の摂動項の和はまず間違いなく発散する．おそらくこの「一見しての複雑さ」のためだろうか，特異摂動論は純粋数学者の興味を余り惹いてはこなかったように思われる．著者等の私見として言えば，それは決して無理からぬことであり，現在世界各地で進展しつつある「特異摂動の代数解析学」，あるいは「完全 WKB 解析」(exact WKB analysis) 等は，論理的にはともかく，やはり人類が '超局所解析学' (microlocal analysis) の考え方を自家薬籠中のものとしてはじめてその本質を見極め得る学問分野だったのではないだろうか．（例えば第 2 章第 3 節で読者はそう感じられるであろう.）

　本書では，特異摂動論の最近の進展のうち著者等の近傍で得られた結果の概要を紹介することを目的とし，結果そのものより結果に到る道筋を我々の理解している形で記述することを目標とした．このため，「系の支配法則」が微分方程式の形で与えられている場合に議論は限定されている．我々としては，Bender–Wu [7] が具体的考察の対象としては量子力学の固有値問題のみを扱っていたにもかかわらず，その後の構成的場の量子論に大きな影響を与

えた例を思い起こしつつ，この小冊子が特異摂動論のさらなる発展の端緒となることを祈っている．

著者等が「特異摂動(の代数解析学)」に興味を持つようになったのは，ひとえに佐藤幹夫先生のお蔭である．著者のうち年長の者(河合)は，ともすれば過去の研究の「自然な」延長線上にその研究課題を選びがちな時点で，一見まったく異質な方向の研究に目を向けるようご指導頂いたことに対し，また若年の者(竹井)は，その研究生活のごく初期においてこのように豊饒な分野の存在をご教示頂いたことに対し，それぞれ佐藤先生に心からの感謝を捧げたい．一言にして言えば，この書は(第4章を除き)，先生のご指導の下に，あるいは Bender–Wu [7] を読み，あるいは Pham [33] の我々流の解釈法を模索し，あるいは Voros [41] の応用を考え，…と必死の議論を続けたセミナーの要約である．また我々がここまで議論を進めてくるにあたって，青木貴史氏との討論は常に極めて有益であった．第4章の議論のきっかけを与えられた神保道夫氏とあわせて，お二人に心からのお礼を申し上げたい．さらに，本書執筆の機会を与えて下さった上野健爾，青本和彦，神保道夫の三編集委員，ならびに本書執筆直前に EU の支援による Summer School (July, 1996; Lisbon) で「特異摂動の代数解析学」に関する連続講演を行うようお勧め下さった Orlando NETO 氏にも厚くお礼を申し上げる．このような好運がなければ，日々変貌，進展を遂げつつあるこの分野だけに，書物の形に成果をまとめる決断はなかなかできなかったものと思われる．そして，last but not least，原稿に詳しく目を通して著者等のひとりよがりの記述を数多く指摘し，改良のための貴重な示唆を下さった室田一雄氏に心からお礼申し上げたい．

1997年2月

河合隆裕，竹井義次

追記

本書は岩波講座『現代数学の展開』の1分冊「特異摂動の代数解析学」を単行本化したものである．今回の単行本化に際して，いくつかの訂正と文献の追加を行なった．

2008年3月

理論の概要と展望

本書は微分方程式の特異摂動論,主としていわゆる **WKB 解析**(WKB analysis)を中心主題とする.第4章は **Painlevé (超越)函数**(Painlevé transcendent)の**接続公式**(connection formula)を最終目標とする解析の紹介で,一見 WKB 解析と無縁に見えるかも知れないが,議論は Painlevé 函数の背後にある特別な Schrödinger 方程式の WKB 解析が中心となる.以下,歴史的な背景に触れながら,WKB 解析の理論の概要と第1章以降の展望を与えることにしよう.

WKB 解析(あるいは WKB 法)とは,第2章で論じるように,(1次元)**Schrödinger 方程式**(Schrödinger equation)

$$(1) \quad \left(-\frac{d^2}{dx^2} + \eta^2 Q(x)\right)\psi(x,\eta) = 0$$

(ここで $Q(x)$ は正則函数,あるいは有理函数,また $\eta = 1/\hbar$; $\hbar$ は Planck 定数,したがって微小な定数である Planck 定数の逆数として η は大きなパラメータと理解する)の形式解 $\psi(x,\eta)$ を

$$(2) \quad \exp\left(\int_{x_0}^{x} S(x,\eta)dx\right),$$

ただし

$$(3) \quad S(x,\eta) = S_{-1}(x)\eta + S_0(x) + S_1(x)\eta^{-1} + \cdots,$$

$$(4) \quad x_0 \text{ は(適当に選んだ)定点,}$$

という形に求める手法をいい,このようにして得られた解 ψ を **WKB 解**(WKB solution)と呼ぶ.この WKB 解析なる略称は,この方法を量子力学に有効に用いた3人の物理学者 Wentzel, Kramers, Brillouin に因むものである.特異摂動の例にもれず,これも考え方としてごく自然なもので,彼ら

以前にもこの種の展開は解析学において用いられていたようである．例を挙げると，例えば Jeffreys [21]，また Bessel 函数に対するいわゆる Debye の漸近展開(例えば[29, p.156]参照)もいかにも神秘的な公式であるが，この手法の適用例と考えればごく自然なものと理解されよう(第2章注意2.3参照)．なお，(1)で $\hbar$ でなく $\eta=1/\hbar$ をパラメータとして用いたように，本書では以下常に「微小パラメータを含む方程式」ではなく「大きなパラメータ(常に η で記すこととする)を含む方程式」を考察の対象とする．これは規約の問題であるが，重要なことではあるのでこの機会に特に注意を喚起しておく．(大きなパラメータを用いるのは，主として本書で基本的な役割を果たす **Borel 変換**(Borel transformation)の記述が美しくなるためであり，η という記号を(できる限り)使うのは，Borel 変換したとき対応する変数を y と記すのが(例えば第2章(2.20)式に見られるように)記号の落着きが良いためである．)

さて，第2章第1節で説明するように，(3)なる形の形式解 $S(x,\eta)$ は，

(5) $$S_{-1}^2 = Q,$$

(6) $$2S_{-1}S_j + \sum_{\substack{k+l=j-1\\k,l\geqq 0}} S_k S_l + \frac{dS_{j-1}}{dx} = 0 \quad (j\geqq 0)$$

なる漸化式により $S_{-1}=\pm\sqrt{Q(x)}$ の符号を定めれば一意に決定される．また，その定まり方から明らかなように，各 S_j は $Q(x)$ の零点(これを方程式(1)の**変わり点**(turning point)と呼ぶ)及び特異点以外で正則である．このように $S(x,\eta)$ の代数的な構造は簡明であるが，不幸にして，WKB 法が特異摂動であることを反映して(η^{-1} の級数として) $S(x,\eta)$ はほとんど常に発散する(第2章第2節，第3節)．そして，発散級数の常として，WKB 解析の適用範囲や正当性に関する論争がつい最近まで続いていた．そんなもやもやした状況がようやくすっきりしたのが1980年代であり，そのためのキーワードが **Borel 和**(Borel sum，第1章参照)であった．すなわち，1983年に Voros [41]は，WKB 解の Borel 和を考えることにより WKB 解の接続公式(第2章第3節参照)を $Q(x)$ の変わり点がすべて単純(すなわち $Q(x)$ の

零点がすべて単純零点)な場合に確立し，また，1985 年には Silverstone [36] が，WKB 解析の正当性に関する疑念は主として Borel 和を考えられない点で無理に議論を行っていることに起因することを直截的な議論で示している．これらの画期的な論文の背後にあったのは，数学サイドでは Dingle [12] による「たとい発散級数であってもすべての項を考慮に入れなければ WKB 解の正しい接続公式は得られないだろう」との示唆であり，また，物理サイドでは Bender–Wu [7] を嚆矢とする種々の摂動展開の **Borel 総和可能性**(Borel summability) に関する肯定的結果 (例えば Magnen–Sénéor [28], 't Hooft [40]，Eckmann–Epstein [16]) であったと思われる．また，ちょうどこの頃 Ecalle が Borel 和を基礎とした新しい解析学，resurgent theory, を展開しており ([13], [14] etc.)，この 2 つの流れの交錯点に位置するのが Pham を中心とするニースのグループの研究 (Pham [33], Candelpergher–Nosmas–Pham [8], Delabaere–Dillinger–Pham [10, 11], ⋯) であると言えよう．このような Borel 和の考えを中心とした WKB 解析を，近時 **exact WKB analysis** と呼ぶことが多い．以下本書では，(良い日本語訳を思いつかないせいもあり) 単に 'WKB 解析' という表現で exact WKB analysis を意味することが多い．(「証明」ができているかどうかを不問とすれば(実際，第 4 章については Borel 総和可能性の議論には不十分なところが多い，「今後の方向と課題」参照)，理念としては常に exact WKB analysis を念頭に議論を展開する．)

　ここまでの議論では，exact WKB analysis とは単に「発散」の問題を回避するためのものだ，との印象を読者に与えてしまったかも知れない．しかし，WKB 解の Borel 和を考えることにはもっと積極的な利点がある；第 1 章で説明するように，Borel 和の概念は発散級数の **Borel 変換(像)** (Borel transform) の解析接続に基づいているという意味で，発散級数の exact な記述を与えるのである．この事実が exact WKB analysis が固有値問題において指数的に小さい項の処理に有効であった理由であるが，例えば Voros [41] の議論は固有値問題の枠を超えて微分方程式の大域的問題全般に有効である ([34], [2])．本書ではその最も顕著な一例として，「2 階 Fuchs 型方程式のモ

ノドロミー群が(generic な状況では) WKB 解の対数微分(正確にはその奇部分；詳しくは第 2 章第 1 節参照)の周回積分(contour integral)により記述される」という事実を例を中心にして紹介する(第 3 章第 1 節)．読者は「いかにも exact」と感じられるであろう．

さて，このように WKB 解析がモノドロミー群の記述に有効であるとすれば，「WKB 解析はモノドロミー保存変形(isomonodromic deformation, 神保[22]参照)とどう関係するか」と問うことは自然である．(もっとも，「自然」と「trivial」とはまったく異なる；我々の関心をこの方向に向けて下さったのは「まえがき」でも触れたように神保道夫氏である．) 実は当初，我々はこの問題には簡単に答え得るものと思っていた．ところが，実際に自然な形で大きなパラメータ η を導入して(第 4 章第 1 節)議論を始めてみて驚いたことには，モノドロミー保存変形を行うと今の場合必ず 2 重変わり点が現われるのである(第 4 章第 3 節)．こうした「必然的な退化」の裏にはしばしば面白い数学的事実が秘められている；実際我々の場合も，この「2 重変わり点」をいわば一種のヘソとする解析学を見出すことができたのである．それは，より具体的に言えば，まず当該のモノドロミー保存変形に関連する Painlevé 方程式の形式解(特にその 2 重変わり点を主要部とするもの)を構成し，さらにそれらが次の 2 つの性質(7),(8)を持つことを用いて一般の Painlevé 函数に対する接続公式を求めよう，という試みである．(なお，Painlevé 函数の歴史については，当事者の一人である神保氏による[22]を参照されたい．ただ，それが「有用な数学」とは何かについて語る際見落とせない興味深いものであること，そして「20 世紀の特殊函数」たるべき Painlevé がその研究を提唱して百年以上たった今も，Painlevé 函数はまだまだ十分に解析され尽くされてはいない魅力ある研究対象であることは強調しておこう．)

(7)　　Painlevé I に対しては，その形式解の Borel 和の解析接続は具体的に記述できる(第 4 章第 5 節)．

(8)　　その形式解は，それらが含むパラメータを然るべく対応させれば，互いに局所的には「同値」である(正確な意味については第 4 章第 6 節参照)．

詳細は第4章に譲るとしても，ここで次の事実は強調しておくべきであろう：

"(8)の「同値」を示すために用いられる「変換」は（論理的には）Painlevé 方程式だけ見ていて見つかるべきものではあるが，我々の構成には Painlevé 方程式 (P_J) の背後にある Schrödinger 方程式 (SL_J) の変換が「自然な」形で現われる."

ここでは，「(P_J) は (SL_J) をモノドロミー保存変形するための条件である」（(P_{VI}) については R. Fuchs [19]，一般の場合については岡本[30]，なお神保−三輪−上野[23]，神保[22]も参照）という観点から (P_J) を捉えているわけであるが，元来 Painlevé 方程式は Painlevé（及びその弟子 Gambier）により「動く分岐点を持たない2階常微分方程式」として見出されたものであることを思い起こそう；もし方程式が動く分岐点，すなわち解に含まれるパラメータに依存する分岐点，を許容するならば（第2章，第3章で論じる線形方程式の場合，解の特異点は方程式の特異点に限られるからこのような分岐点は決して存在しない），そのような方程式を対象として解の接続公式を論じることは定式化すら容易ではない．正直に言って，我々は Painlevé 方程式のこの特徴づけを当初さして意識することなくごく「自然に」Painlevé 函数の接続公式を考えていたのであるが，振り返ってみれば，実に幸運な道を歩んでいたという気がしてならない．しかし，我々のプログラムは，我々の構成した形式解（第4章第4節）をどのように真の解と対応させるか，ということをはじめとして，未だ「実用数学」には程遠い．この付近に興味を持って我々を助けて下さる読者がいらっしゃることを我々は心から願っている．Painlevé 函数が「20世紀の特殊函数」の名に値するだけの「公式集」を，何とか20世紀中に作りたいものではないか！

（本書講座版刊行以降10年が経った2008年現在，残念ながら Painlevé 函数の「公式集」の完成は21世紀に持ち越されたと言わざるを得ない．最近では，Painlevé 函数は「21世紀の特殊函数」と呼ばれることもある.）

目　次

まえがき v
理論の概要と展望 vii

第1章　Borel 総和法について 1
　　要　約 11

第2章　Schrödinger 方程式の WKB 解析 13
　§2.1　WKB 解析の基礎 13
　§2.2　WKB 解の接続公式 ── $Q(x)=x$ の場合 21
　§2.3　WKB 解の接続公式 ── 一般の場合 26
　　要　約 42

第3章　WKB 解析の大域的問題への応用 43
　§3.1　Fuchs 型方程式のモノドロミー群 43
　§3.2　Stokes グラフの分類について 58
　　要　約 67

第4章　Painlevé 函数の WKB 解析 69
　§4.1　Painlevé 方程式及び関連する Schrödinger 方程式 .. 70
　§4.2　(P_J) の 0–パラメータ解 $\lambda_J^{(0)}$ 79
　§4.3　(P_J) の Stokes 幾何学と (SL_J) の Stokes 幾何学 .. 83
　§4.4　2–パラメータ解の構成 90
　§4.5　$\lambda_I^{(0)}$ の接続公式 99
　§4.6　2–パラメータ解の構造定理 109

要約 *112*
今後の方向と課題 *115*
参考文献 *127*
索　引 *131*

Borel 総和法について

 本書の中心主題である WKB 解析を論じる前に，導入も兼ねて，本章ではその理論的基礎を与える Borel 総和法について例を中心に簡単に解説する．まず Borel 総和法の定義と基本的な性質を復習した後，典型的な例として Weber 方程式の(無限遠点における)形式解を Borel 総和法の立場から具体的に考察する．この Weber 方程式の形式解に対する具体的計算(特に p.8～9)は，Weber 方程式の(唯一の不確定特異点である無限遠点における) Stokes 係数の決定と密接に関連していると同時に，第 2 章で論じる WKB 解に対する 'Stokes 現象'(それを記述するのが接続公式である)が起こる mechanism を説明する一つの prototype をも与えている．

 微分方程式の解を求めようとする際，未知函数を独立変数(あるいはパラメータ)のベキ級数に展開するというのは，よく用いられる典型的な解法の一つである．しかし，不確定特異点における形式解や本書の主題である特異摂動の方程式など，そうして得られるベキ級数解が収束しないこともしばしば起こり得る．この第 1 章では，微分方程式との関連を念頭に置きながら，そうした発散級数に解析的な意味付けを与える **Borel 総和法**(Borel resummation)について，いくつかの例を中心に解説する．(なお，歴史的な背景も含めて Borel 総和法のより組織的な取り扱いについては，Hardy [20]，江沢[17]，Balser [5] 等を参照されたい．)まず，**Borel 変換**及び **Borel 和**の

定義から始めよう.

定義 1.1 α を $\alpha \notin \{0, -1, -2, \cdots\}$ をみたす実数とするとき,$z > 0$ に対する次の形の(z^{-1} に関する)形式級数

$$(1.1) \qquad f = \exp(\zeta_0 z) \sum_{n=0}^{\infty} f_n z^{-\alpha - n}$$

(ζ_0, f_n は定数)に対して,その Borel 変換(像)$f_B(\zeta)$ を次式で定義する.

$$(1.2) \qquad f_B(\zeta) = \sum_{n=0}^{\infty} \frac{f_n}{\Gamma(\alpha + n)} (\zeta + \zeta_0)^{\alpha + n - 1}.$$

ただし,Γ はガンマ函数.さらに,次の Laplace 積分

$$(1.3) \qquad \int_{-\zeta_0}^{\infty} \exp(-z\zeta) f_B(\zeta) d\zeta$$

が意味を持つとき,積分(1.3)を与えられた形式級数 f の Borel 和と呼ぶ. □

注意 1.2 積分(1.3)における積分路は,$-\zeta_0$ から正の実軸に平行に無限遠点まで延びているものとする.この積分路の選び方は z が正であることに対応しており,もし z が正の実軸を角度 θ だけ回転した半直線 $\mathbb{R}_+ \exp(i\theta)$ 上を動く大きな複素数であるときには,それに応じて積分(1.3)の積分路も複素平面内で回転するのが自然である.(より詳しくは例 1.4 の後の説明を参照.)しかし,本書で Borel 和を論じる場合,その変数 z は(一部の箇所を除いて)いつも正であり,したがって以下で Borel 和といえば,特に断らない限り,上述の積分路に沿う Laplace 積分(1.3)を意味するものとする.

よく知られたように,$Y(\zeta)$ を Heaviside 函数(すなわち,$\zeta > 0$ で $Y(\zeta) \equiv 1$,$\zeta < 0$ で $Y(\zeta) \equiv 0$)とするとき,$\zeta^{\alpha + n - 1} Y(\zeta) / \Gamma(\alpha + n)$ の Laplace 変換は $z^{-(\alpha + n)}$ である.したがって上で定義した Borel 変換は,逆 Laplace 変換を(1.1)の形の級数に形式的に拡張したものであると考えられる.Borel 和を与える積分(1.3)はまさしく Laplace 変換に他ならないから,これより Borel 総和法は,発散級数に対する一つの「自然な」総和法を定めているのではないかと期待するのは,至極当然であろう.実際,(1.1)の f として収束級数を考えれば,その Borel 変換 $f_B(\zeta)$ (より正確には $(\zeta + \zeta_0)^{1-\alpha} f_B(\zeta)$)は,指数型の整函数(すなわち,$C \exp A|\zeta|$ (A, C は正の定数)で上から評価されるよ

うな $\mathbb{C}$ 上の正則函数)となり，Laplace 積分(1.3)は，十分大きな z に対して意味を持ち元の収束級数 f に一致する(Borel 総和法の正則性)ことが証明できる．さらに，たとえ f が収束級数でなくとも，次の定義 1.3 の意味で f が Borel 総和可能であるならば，その Borel 和は漸近展開の意味で元の f を復元するのである．(証明については，例えば江沢[17]，§4.4 及び定理 4.4 を参照．)

定義 1.3 (1.1) の形の形式級数 f が次の 3 条件(i)～(iii)を満たすとき，f を **Borel 総和可能**(Borel summable)であるという．

（i） $(\zeta+\zeta_0)^{1-\alpha} f_B(\zeta) = \sum_{n=0}^{\infty} \dfrac{f_n}{\Gamma(\alpha+n)} (\zeta+\zeta_0)^n$ は $\zeta=-\zeta_0$ で収束する．

（ii） $f_B(\zeta)$ は ζ-平面内の $\{\zeta\in\mathbb{C}\,;\,\Im(\zeta+\zeta_0)=0,\,\Re(\zeta+\zeta_0)>0\}$ を含む領域に解析接続される．

（iii） 積分 $\int_{-\zeta_0}^{\infty} \exp(-z\zeta) f_B(\zeta) d\zeta$ は十分大きな z に対して有限確定値を持つ．

特に，(i)が成立するならば，すなわち

(1.4) $$|f_n| \leq AC^n n!$$

が任意の自然数 n について成り立つような正定数 A, C が存在するならば，f の Borel 変換 $f_B(\zeta)$ は ζ の解析函数として定まる．形式級数 f が(1.4)を満たすとき，f を **Borel 変換可能**(Borel transformable)であるという． □

こうして，Borel 総和法が級数総和法の一つであることが確立されたわけだが，その定義からも推察されるように，Borel 総和法は Laplace 解析を通じて微分方程式論とも(想像される以上に)深く結び付いている．(第 2 章で議論される Schrödinger 方程式の WKB 解析がその深い関連を示す一例である．)この章の残りの部分では，第 2 章への導入も兼ねて，いくつかのより具体的で簡単な例を考察することにより，Borel 総和法と微分方程式論との結び付きの一端を見ていくことにしよう．

例 1.4 次の形式級数 f を考える．

(1.5) $$f = \sum_{n=0}^{\infty} (-1)^n n!\, z^{-n-1}.$$

この f は，常微分方程式

(1.6) $$\left(-\frac{d}{dz}+1\right)\psi(z)=\frac{1}{z}$$

の(不確定)特異点 $z=\infty$ における形式解である．定義より，その Borel 変換 $f_B(\zeta)$ は

(1.7) $$f_B(\zeta)=\sum_{n=0}^{\infty}(-1)^n\zeta^n=\frac{1}{1+\zeta}$$

となる．特に，f が発散級数であることの反映として，$f_B(\zeta)$ が特異点 $\zeta=-1$ を持つことに注意されたい．このとき，f の Borel 和

(1.8) $$\int_0^\infty \exp(-z\zeta)\frac{1}{1+\zeta}d\zeta$$

は，微分方程式(1.6)の($z=\infty$ を頂点とし，正の実軸を含むある(開)角領域における)真の解(解析的な解)を与える． □

例 1.4 では，z はあくまでも正の実数であった．しかし，f を微分方程式(1.6)との関連で理解しようとするならば，$z>0$ という制限を設けておくのはやや不自然な印象をまぬがれない．そこで次に，Borel 総和法において変数 z の方向を変えることを考える．具体的には，定義 1.1 の状況の下で z は $z=r\exp(i\theta)$ ($\theta\in\mathbb{R}, r>0$)を満たすと仮定する．このとき

$$f=\exp(\zeta_0 z)\sum_{n=0}^{\infty}f_n z^{-\alpha-n}=\exp(\zeta_0 re^{i\theta})\sum_{n=0}^{\infty}f_n r^{-\alpha-n}e^{-i\theta(\alpha+n)}$$

を r の形式級数と見なせば，その Borel 変換は

$$\sum_{n=0}^{\infty}\frac{f_n e^{-i\theta(\alpha+n)}}{\Gamma(\alpha+n)}(\rho+\zeta_0 e^{i\theta})^{\alpha+n-1}=e^{-i\theta}f_B(\rho e^{-i\theta})$$

となり，したがって Borel 和は

$$\int_{-\zeta_0 e^{i\theta}}^{\infty}\exp(-r\rho)f_B(\rho e^{-i\theta})e^{-i\theta}d\rho=\int_{-\zeta_0}^{e^{-i\theta}\infty}\exp(-z\zeta)f_B(\zeta)d\zeta$$

($e^{-i\theta}\infty$ という記号は，積分を $-\zeta_0$ から $\arg\zeta=-\theta$ という半直線に平行に無限遠点まで行うことを意味する)で与えられる．つまり，Borel 総和法において z の偏角を θ だけずらすことは，Borel 和を定める Laplace 積分(1.3)の積

分路の方向を $-\theta$ 回転することに対応する.

再び例 1.4 に戻ろう. 形式解 f の Borel 和を与える積分(1.8)は, $z>0$ である限り, Borel 変換 $f_B(\zeta)=1/(1+\zeta)$ の特異点 $\zeta=-1$ が積分路にぶつからないゆえ有限確定であった. しかし, z の偏角を変えていくとそれに応じて(1.8)の積分路の方向も変化し, 例えば $\arg z=\pm\pi$ においては(1.8)は負の実軸に沿う積分となって, まさしく Borel 変換の特異点 $\zeta=-1$ が積分路上に存在するという厄介な状況が出現する. 実はこの困難点は, 以下例 1.6 の議論から明らかとなるように, 微分方程式の不確定特異点(irregular singular point, (1.6)の場合 $z=\infty$)におけるいわゆる **Stokes 現象**(Stokes phenomenon), すなわち, 不確定特異点の近傍では同一の形式解を漸近級数とする正則解が特異点に近づく方向により一般に異なり得るという現象と密接に関連している. (不確定特異点や Stokes 現象の基礎的性質については, 例えば大久保–河野[32]あるいは高野[37]を参考にされたい.)

以下では, この関連をより詳しく見るために, 2 階の斉次方程式の典型的な例である Weber 方程式(Weber equation)の形式解について, その Borel 和を具体的に考察する.

例 1.5 $\lambda \notin \{0,1,2,\cdots\}$ とし, 次の形式級数

$$(1.9) \qquad \exp\left(-\frac{z^2}{4}\right) z^\lambda \sum_{n=0}^\infty (-1)^n \frac{\lambda(\lambda-1)\cdots(\lambda-2n+1)}{n!\,2^n z^{2n}}$$

を考える. これは, Weber の微分方程式:

$$(1.10) \qquad \frac{d^2\psi}{dz^2}+\left(\lambda+\frac{1}{2}-\frac{z^2}{4}\right)\psi=0$$

の不確定特異点 $z=\infty$ における形式解である.

$$(1.11) \qquad f=z^\lambda \sum_{n=0}^\infty (-1)^n \frac{\lambda(\lambda-1)\cdots(\lambda-2n+1)}{n!\,2^n z^{2n}}$$

とおいて, その Borel 和を計算しよう. まず, f の Borel 変換 $f_B(\zeta)$ は

$$(1.12) \qquad f_B(\zeta)=\sum_n (-1)^n \frac{\lambda(\lambda-1)\cdots(\lambda-2n+1)}{n!\,2^n \Gamma(-\lambda+2n)} \zeta^{2n-\lambda-1}$$

$$= \sum_n \frac{(-1)^n}{n!\, 2^n \Gamma(-\lambda)} \zeta^{2n-\lambda-1}$$

$$= \frac{\zeta^{-\lambda-1}}{\Gamma(-\lambda)} \exp\left(-\frac{\zeta^2}{2}\right).$$

したがって，形式解(1.9)の Borel 和は次で与えられる．

$$(1.13) \quad \exp\left(-\frac{z^2}{4}\right) \frac{1}{\Gamma(-\lambda)} \int_0^\infty \exp\left(-z\zeta - \frac{\zeta^2}{2}\right) \zeta^{-\lambda-1} d\zeta.$$

($\Re\lambda < 0$ ならば，確かにこの積分は通常の意味で有限確定である．)(1.13)は，Weber の微分方程式(1.10)の正則解である Weber 函数(放物柱函数) $D_\lambda(z)$ の一つの積分表示に他ならない．実際，よく知られた通り，$D_\lambda(z)$ の $z > 0$, $z \to \infty$ のときの漸近展開はまさしく形式級数(1.9)で与えられる([29, §19])． □

この例 1.5 では，f の Borel 変換 $f_B(\zeta)$ は($\zeta^{-\lambda-1}$ の部分を除いて)整函数であった．しかし，Borel 和の表示(1.13)から明らかなように，$\pm\pi/4$ を越えて z の偏角を変えることは不可能である($\exp(-\zeta^2/2)$ という因子が存在するゆえ積分が発散してしまう)．

例 1.6 例 1.5 と同じ形式級数(1.9)を考える．ただし，今度は $z^2 = y$ とおいて，

$$(1.14) \quad g = \exp\left(-\frac{y}{4}\right) y^{\lambda/2} \sum_{n=0}^\infty (-1)^n \frac{\lambda(\lambda-1)\cdots(\lambda-2n+1)}{n!\, 2^n y^n}$$

に Borel 総和法を適用する．やはり Borel 変換 $g_B(\eta)$ の計算から始めよう．

(1.15)
$$g_B(\eta) = \sum_n (-1)^n \frac{\lambda(\lambda-1)\cdots(\lambda-2n+1)}{n!\, 2^n \Gamma\left(-\frac{\lambda}{2}+n\right)} \left(\eta - \frac{1}{4}\right)^{-\lambda/2+n-1}$$

$$= \sum_n \frac{(-1)^n \lambda(\lambda-1)\cdots(\lambda-2n+1)}{n!\, 2^n \left(-\frac{\lambda}{2}+n-1\right)\cdots\left(-\frac{\lambda}{2}\right) \Gamma\left(-\frac{\lambda}{2}\right)} \left(\eta - \frac{1}{4}\right)^{-\lambda/2+n-1}$$

$$= \frac{\left(\eta - \frac{1}{4}\right)^{-\lambda/2-1}}{\Gamma(-\lambda/2)} \sum_n \frac{(\lambda-1)(\lambda-3)\cdots(\lambda-2n+1)}{n!} \left(\eta - \frac{1}{4}\right)^n$$

$$= \frac{\left(\eta - \frac{1}{4}\right)^{-\lambda/2-1}}{\Gamma(-\lambda/2)} \sum_n \frac{\frac{\lambda-1}{2}\cdots\left(\frac{\lambda-1}{2}-n+1\right)}{n!} \left(2\eta - \frac{1}{2}\right)^n$$

$$= \frac{\left(\eta - \frac{1}{4}\right)^{-\lambda/2-1}}{\Gamma(-\lambda/2)} \left(1 + 2\eta - \frac{1}{2}\right)^{(\lambda-1)/2}$$

$$= \frac{2^{(\lambda-1)/2}}{\Gamma(-\lambda/2)} \left(\eta - \frac{1}{4}\right)^{-(\lambda+2)/2} \left(\eta + \frac{1}{4}\right)^{(\lambda-1)/2}.$$

したがって，(1.9) の ($z^2 = y$ を新たな変数と見たときの) Borel 和は

(1.16)
$$\frac{2^{(\lambda-1)/2}}{\Gamma(-\lambda/2)} \int_{1/4}^\infty \exp(-z^2 \eta) \left(\eta - \frac{1}{4}\right)^{-(\lambda+2)/2} \left(\eta + \frac{1}{4}\right)^{(\lambda-1)/2} d\eta$$

$$= \frac{2^{(\lambda-1)/2}}{\Gamma(-\lambda/2)} \int_0^\infty \exp\left(-z^2\left(\eta + \frac{1}{4}\right)\right) \eta^{-(\lambda+2)/2} \left(\eta + \frac{1}{2}\right)^{(\lambda-1)/2} d\eta.$$

これは Weber 函数 $D_\lambda(z)$ の，(1.13) とは異なる別の積分表示を与えている． □

例1.5 と異なり，例 1.6 においては，g の Borel 変換 $g_B(\eta)$ は (Borel 変換の定義よりその存在が明らかな「基点」$\eta = 1/4$ における特異性以外に)，$\eta = -1/4$ にも特異点を有する．この「新たな特異点」$\eta = -1/4$ が，微分方程式 (1.10) の $z = \infty$ における Stokes 現象と次のように関連している：

Weber 方程式 (1.10) は $z = \infty$ に (唯一の) 不確定特異点を持ち，そこでの 1 次独立な形式解は (1.9) 及び

(1.17) $$\exp\left(\frac{z^2}{4}\right) z^{-\lambda-1} \sum_{n=0}^\infty \frac{(\lambda+1)(\lambda+2)\cdots(\lambda+2n)}{n! \, 2^n z^{2n}}$$

によって与えられる．これらの形式解に対して，例 1.6 の意味での Borel 和を考える．例 1.6 で見たように，$z > 0$ では (1.9) の Borel 和 (1.16) は Weber 函数 $D_\lambda(z)$ に一致し，さらに $\arg y = \pm \pi$，すなわち $\arg z = \pm \pi/2$ まで自然

に解析接続可能である．同様にして，$i\mathbb{R}_+$ において(1.17)の Borel 和を考えると，それは $\exp(-i\pi(\lambda+1)/2)D_{-\lambda-1}(-iz)$ に一致し $\arg z \in (0,\pi)$ まで，また $z<0$ において(1.9)の Borel 和を考えれば，それは $\exp(i\pi\lambda)D_\lambda(-z)$ に一致し $\arg z \in (\pi/2, 3\pi/2)$ まで，それぞれ自然に解析接続できることもわかる．換言すれば，次の2つの($z=\infty$ のまわりでの)角領域

$$V_1 = \{z \in \mathbb{C}\,;\, 0 < \arg z < \pi/2\},$$
$$V_2 = \{z \in \mathbb{C}\,;\, \pi/2 < \arg z < \pi\}$$

においては，1次独立な形式解(1.9)及び(1.17)の両方の Borel 和が確定し，それらは

(1.18) V_1 では $D_\lambda(z)$, $\exp(-i\pi(\lambda+1)/2)D_{-\lambda-1}(-iz)$,

また

(1.19) V_2 では $\exp(i\pi\lambda)D_\lambda(-z)$, $\exp(-i\pi(\lambda+1)/2)D_{-\lambda-1}(-iz)$

にそれぞれ一致している．ところが，V_1 における(1.9)の Borel 和 $D_\lambda(z)$ を $\arg z = \pi/2$ を越えて解析接続しようとすれば，(1.9)の Borel 変換 $g_B(\eta)$ の「新たな特異点」$\eta = -1/4$ が Borel 和を与える積分路上に存在するという状況に直面する．この状況を乗り越えて解析接続を考えるためには積分路の取り替えが必要となり，その結果，$D_\lambda(z)$ の解析接続は(例えば $\arg z = \pi/2 + \epsilon$, $0 < \epsilon \ll 1$ においては)，次の2つの積分の和として実現される．

(1.20) $$\int_{C_1} \exp(-z^2\eta)g_B(\eta)d\eta + \int_{C_2} \exp(-z^2\eta)g_B(\eta)d\eta.$$

(ここで積分路 C_j については図 1.1 を参照.) このうち第1項は，V_2 におけ

図 1.1 Borel 和(1.16)の解析接続を与える積分路 C_1, C_2. ($\eta = \pm 1/4$ は $g_B(\eta)$ の特異点，波線は $g_B(\eta)$ の分枝を指定するためのカットを表わす.)

る(1.9)の Borel 和 $\exp(i\pi\lambda)D_\lambda(-z)$ (より詳しくはその解析接続)に等しい. 他方, 第2項については,

$$\int_{C_2} \exp(-z^2\eta)g_B(\eta)d\eta$$
$$= \frac{2^{(\lambda-1)/2}}{\Gamma(-\lambda/2)}e^{i\pi(\lambda+2)/2}(e^{i\pi(\lambda-1)/2} - e^{-i\pi(\lambda-1)/2})$$
$$\times \int_0^\infty \exp\left(z^2\left(t+\frac{1}{4}\right)\right)\left(t+\frac{1}{2}\right)^{-(\lambda+2)/2} t^{(\lambda-1)/2}dt$$
$$= \frac{2^{(\lambda+1)/2}}{\Gamma(-\lambda/2)}e^{i\pi(\lambda+1)/2}\sin\frac{\pi(1-\lambda)}{2}$$
$$\times \int_0^\infty \exp\left(z^2\left(t+\frac{1}{4}\right)\right)\left(t+\frac{1}{2}\right)^{-(\lambda+2)/2} t^{(\lambda-1)/2}dt.$$

ここでガンマ関数 Γ に関する次の2つの公式([29, p.1])

(1.21) $\qquad \Gamma(x)\Gamma(1-x) = \frac{\pi}{\sin\pi x},$

(1.22) $\qquad \Gamma(2x) = \frac{2^{2x}}{2\sqrt{\pi}}\Gamma(x)\Gamma\left(x+\frac{1}{2}\right)$

を用いれば, 上式の右辺は

$$\frac{\sqrt{2\pi}e^{i\pi(\lambda+1)/2}2^{-(\lambda+2)/2}}{\Gamma(-\lambda)\Gamma((\lambda+1)/2)}\int_0^\infty \exp\left(z^2\left(t+\frac{1}{4}\right)\right)\left(t+\frac{1}{2}\right)^{-(\lambda+2)/2}t^{(\lambda-1)/2}dt$$

となり, したがって(1.20)の第2項は

$$\frac{\sqrt{2\pi}e^{i\pi(\lambda+1)/2}}{\Gamma(-\lambda)}D_{-\lambda-1}(-iz)$$

に等しい. こうして Weber 関数に関する古典的な接続公式

(1.23)
$$D_\lambda(z) = \exp(i\pi\lambda)D_\lambda(-z) + \frac{\sqrt{2\pi}e^{i\pi(\lambda+1)}}{\Gamma(-\lambda)}\exp\left(-\frac{i\pi(\lambda+1)}{2}\right)D_{-\lambda-1}(-iz)$$

が得られた. 形式解とその Borel 和との間の対応関係(1.18), (1.19)が漸近展開の意味ではより広い角領域で成立する([29, p.77])ことに注意すれば, こ

の接続公式(1.23)が，同一の形式解(1.9)を異なった領域で漸近級数としてもつ正則解の間の関係式，すなわちStokes現象を表現していることがわかる．なお，漸近展開の有効域の共通部分 $\{z; \pi/4 < \arg z < 3\pi/4\}$ での2つの基本解系

$$(D_\lambda(z), \quad \exp(-i\pi(\lambda+1)/2)D_{-\lambda-1}(-iz))$$

と

$$(\exp(i\pi\lambda)D_\lambda(-z), \quad \exp(-i\pi(\lambda+1)/2)D_{-\lambda-1}(-iz))$$

を結ぶ行列(今の場合 $\begin{pmatrix} 1 & 0 \\ \sqrt{2\pi}e^{i\pi(\lambda+1)}/\Gamma(-\lambda) & 1 \end{pmatrix}$)の自明でない非対角成分 $\sqrt{2\pi}e^{i\pi(\lambda+1)}/\Gamma(-\lambda)$ を，通常「Weberの微分方程式(1.10)の**Stokes係数**(Stokes multiplier)」と呼んでいる．

　この具体例に対する計算から明らかなように，形式解のBorel変換の持つ「新たな特異点」は，微分方程式の不確定特異点におけるStokes現象と密接に関連している．すなわち，形式解が発散級数であるがゆえにそのBorel変換は基点以外に「新たな特異点」を持つであろうことが一般的に予想され，その「新たな特異点」が形式解のBorel和の解析接続に対する大きな障害となる．この障害を越えて解析接続をしようとすれば，Borel和の定義に現われる積分路を取り替える必要が生じ，その結果，形式解のBorel和は「新たな特異点」のまわりの(Borel変換の)周回積分を拾い込み，これが古典的に知られたStokes現象を引き起こす．そして，形式解のBorel変換の「新たな特異点」における特異部分を決定すれば，このStokes現象を記述するStokes係数が求まるのである．

　ここで，Weberの微分方程式のStokes係数の決定にあたっては，例1.6で行ったような変数の取り替え$(y = z^2)$が有効であったという事実は示唆的である．実際それによって，(i)因子 $\exp(-y/4)$ まで含めてBorel変換を考えることができ，さらに，(ii) Borel変換 $g_B(\eta)$ が期待通り「新たな特異点」を持つと同時に $|\eta| \to \infty$ のときの増大度が極めておとなしいものに変わった，のである．特にこの(ii)のお蔭で，形式解のBorel和を定めたLaplace積分(1.16)において z を動かすとき $\Re z^2\eta > 0$ という条件を満たしながら積

分路を変更していくことが可能になり,また,一見したところでは積分路変更の障害になる「新たな特異点」が実際には接続公式(1.23)を産み出したのである.このように,形式解のBorel変換の解析接続という手法がうまく適用できるためには,形式解自身の特異性((i))と共にそのBorel変換の特異性((ii))についても都合の良い状況が実現されている必要がある.(それに対して,例1.5の意味でのBorel和を考えていたのでは,Weberの微分方程式のStokes係数を求めることは不可能であったろう.)

次章において我々は,(1次元)Schrödinger方程式のWKB解析を本章で説明したBorel和の立場から考察するが,そこでも読者は上と同様なmechanismが見事に働くことを見るだろう.これは,Schrödinger方程式に含まれるパラメータ(その起源はPlanck定数である)が,実に「自然な」形で方程式に取り込まれているということを意味しているのである.

《 要 約 》

1.1 形式級数のBorel和は,Borel変換のLaplace積分として定義される.

1.2 形式級数にそのBorel和を対応させるBorel総和法は自然な級数総和法の一つであり,特に微分方程式の形式解にBorel総和法を適用すれば真の解が得られる.

1.3 形式級数が発散級数の場合,そのBorel変換は一般に「新たな特異点」を持つ.この「新たな特異点」の存在ゆえ,微分方程式の発散する形式解のBorel和はある(角)領域においてのみ意味を持つ.

1.4 「新たな特異点」とLaplace積分の積分路がぶつかることで,古典的なStokes現象が引き起こされる.特に,形式解のBorel変換の「新たな特異点」における特異部分がStokes係数と密接に関連している.

2 Schrödinger 方程式の WKB 解析

本章では，1次元 Schrödinger 方程式の exact WKB analysis について論じる．第1節では WKB 解析の基礎的事実を第1章の議論を踏まえつつ紹介する．第3節では Voros [41] による WKB 解の接続公式を「Schrödinger 方程式の標準型への変換の理論」(略して「変換論」と言うことも多い．以下では「Borel 変換論」を論じることはないので，混乱は生じないであろう）という立場から論じる．ここで展開される変換論は第4章でも基本的な役割を果たすものである．これに先立つ第2節では，「変換論における標準型」を与える特別な Schrödinger 方程式(Airy 型の方程式)に対し，その WKB 解の Borel 変換を具体的に計算し，それが Gauss の超幾何函数で記述されることを用いて，WKB 解の接続公式がいかなる mechanism によって生じるかを具体的に示す．第2節及び第3節の結果をまとめて言えば，

"Voros の接続公式は，Gauss の超幾何函数に対する接続公式([29, p. 59]) より従う．"

exact WKB analysis の自然さを窺わせる事実である．

§2.1 WKB 解析の基礎

以下，$Q(x)$ は正則函数または有理函数とし，問題はすべて $Q(x)$ の正則域内で考えるものとする．微小パラメータで方程式を割って大きなパラメータ

を含む方程式を対象としているので，多少慣用の語法からずれるけれども，次の形の方程式を本書では Schrödinger 方程式と呼ぶことにする．

$$\left(-\frac{d^2}{dx^2}+\eta^2 Q(x)\right)\psi(x,\eta)=0. \tag{2.1}$$

実際には，$Q(x)$ も η に依存し

$$Q=Q_0(x)+\eta^{-1}Q_1(x)+\eta^{-2}Q_2(x)+\cdots \tag{2.2}$$

となっている場合が多いけれど，しばらくは簡単のためポテンシャル Q は η に依らないものと仮定する．さて，(2.1)の解 ψ が

$$\exp R(x,\eta)$$

という形を持っていると仮定すれば，$\partial R/\partial x \stackrel{\text{def}}{=} S(x,\eta)$ は次の Riccati の方程式(Riccati equation)を満たさなければならない．

$$-\left(S^2+\frac{\partial S}{\partial x}\right)+\eta^2 Q=0. \tag{2.3}$$

ここで $S(x,\eta)$ が次のような η^{-1} に関する展開を持つと仮定してみよう．

$$S=S_{-1}(x)\eta+S_0(x)+S_1(x)\eta^{-1}+S_2(x)\eta^{-2}+\cdots. \tag{2.4}$$

この展開を(2.3)に代入し，η のベキの等しい項を比べれば，次の関係式が得られる．

$$S_{-1}^2=Q, \tag{2.5}$$

$$2S_{-1}S_j=-\left(\sum_{\substack{k+l=j-1\\k,l\geqq 0}}S_k S_l+\frac{dS_{j-1}}{dx}\right) \quad (j\geqq 0). \tag{2.6}$$

ここで $S=\partial R/\partial x$ であるから，

$$\psi=\exp\left(\int_{x_0}^x S(x,\eta)dx\right). \tag{2.7}$$

(x_0 は定数倍までこめて ψ を確定させるために適宜選んだ定点.)

定義 2.1 (2.7)で与えられる(2.1)の解を **WKB 解** と呼ぶ． □

注意 2.2

$$S_{\text{odd}}=\sum_{j\geqq 0}S_{2j-1}\eta^{1-2j}, \qquad S_{\text{even}}=\sum_{j\geqq 0}S_{2j}\eta^{-2j} \tag{2.8}$$

と定めれば，(2.3)より
$$(S_{\text{odd}}+S_{\text{even}})^2 + \frac{\partial}{\partial x}(S_{\text{odd}}+S_{\text{even}}) = \eta^2 Q.$$

この両辺で η^{-1} の奇数ベキを取り出して
$$2S_{\text{odd}}S_{\text{even}} + \frac{\partial}{\partial x}S_{\text{odd}} = 0,$$

すなわち

(2.9) $$S_{\text{even}} = -\frac{\frac{\partial}{\partial x}S_{\text{odd}}}{2S_{\text{odd}}} = -\frac{1}{2}\frac{\partial}{\partial x}\log S_{\text{odd}}.$$

したがって，(2.7)より（定数倍を除いて）

(2.10) $$\psi = \frac{1}{\sqrt{S_{\text{odd}}}}\exp\left(\int_{x_0}^{x} S_{\text{odd}} dx\right).$$

なお，ここでは S の奇部分 S_{odd} を η のベキの偶奇を用いて定義したが，漸化式(2.6)の構造から容易にわかるように，S_{2j-1} は $\sqrt{Q(x)}$ の奇数ベキの項の和から成っているので，$S_{-1}=\pm\sqrt{Q(x)}$ の符号は S_{2j-1} に遺伝する．したがって

(2.11) $$\psi_\pm = \frac{1}{\sqrt{S_{\text{odd}}}}\exp\left(\pm\int_{x_0}^{x} S_{\text{odd}} dx\right)$$

は(2.1)の1次独立な(形式)解を与えている．(2.1)は2階の方程式ゆえ，これがその解空間の基底を与える．また同時に，S_{odd} は明らかに $\sqrt{Q(x)}$ の Riemann 面上の函数である．このように，理論的にも，また応用面でも，(2.11)の表示が便利なので，(2.7)の形ではなく(2.11)の形の解を WKB 解と呼んでいる文献も多い．

注意 2.3 ここでは議論の対象を(2.1)という1階微分を含まない方程式に限定しているが，このために一般性が失われることはない．実際，

(2.12) $$\frac{d^2u}{dx^2} + A(x)\frac{du}{dx} + B(x)u = 0$$

という方程式に対し，

(2.13) $$\varphi(x) = \exp\left(\frac{1}{2}\int^x A(x)dx\right)u(x)$$

という未知函数の変換を行えば，$\varphi(x)$ は

(2.14) $$\frac{d^2\varphi}{dx^2} + \left(B(x) - \frac{A(x)^2}{4} - \frac{A'(x)}{2}\right)\varphi = 0$$

と1階項を含まない方程式を満たすからである．このような変換の一例として，Bessel の方程式

(2.15) $$\frac{d^2 u}{dz^2} + \frac{1}{z}\frac{du}{dz} + \left(1 - \frac{\nu^2}{z^2}\right)u = 0$$

を考えてみよう．今，$\varphi(z) = \sqrt{z}\, u(z)$ と置けば，（因子 $\sqrt{z}$ を掛けて）

$$\frac{d^2\varphi}{dz^2} + \left(1 - \frac{\nu^2}{z^2} + \frac{1}{4z^2}\right)\varphi = 0$$

を得る．さらに，$z = \nu x$ という変数変換を行えば

$$\frac{d^2\varphi}{dx^2} = \nu^2\left(\frac{1}{x^2} - 1 - \frac{1}{4\nu^2}\frac{1}{x^2}\right)\varphi$$

なる方程式を得る．ここで ν を大きなパラメータと思って WKB 解(2.11)を求めれば，

(2.16) $$\varphi_\pm = \frac{\sqrt{x}}{(1-x^2)^{1/4}} \exp\left(\pm\nu \int_1^x \frac{\sqrt{1-x^2}}{x} dx\right)$$
$$\times (1 + A_1(x)\nu^{-1} + A_2(x)\nu^{-2} + \cdots).$$

したがって

(2.17) $$u_\pm = \frac{1}{(\nu^2 - z^2)^{1/4}} \exp\left(\pm \int_\nu^z \frac{\sqrt{\nu^2 - z^2}}{z} dz\right)$$
$$\times \left(1 + A_1\left(\frac{z}{\nu}\right)\nu^{-1} + A_2\left(\frac{z}{\nu}\right)\nu^{-2} + \cdots\right)$$

と，Bessel 函数の指数 ν が大きいときの展開，すなわちいわゆる Debye 型の展開を得る．

ここまでの初等的議論のみからも，読者は WKB 解析において $Q(x)$ の零点が重要な役割を果たすことを察せられるであろう．そこで

定義 2.4

（ⅰ）$Q(a) = 0$ なる点 a を方程式(2.1)の**変わり点**(turning point)と呼ぶ．

（ⅱ）$Q(a) = 0$, $(dQ/dx)(a) \neq 0$ なる点 a を**単純変わり点**(simple turning point)と呼ぶ． □

次節で扱う最も簡単な場合，すなわち $Q(x)=x$ の場合ですら，$S(x,\eta)$ は (η^{-1} の)発散級数である．しかしながら(2.6)の構造が簡単なお陰で，次の補題は簡単に証明できる．

補題 2.5 $\mathbb{C}$ 内の開集合 U 上で $Q(x)$ は正則であるとする．K を $U^* = \{x \in U\,;\, Q(x) \neq 0\}$ 内のコンパクト集合とするとき，ある定数 A_K, C_K が存在して

(2.18) $$\sup_{x \in K} |S_j(x)| \leq A_K C_K^j j!.$$
□

証明については，[1, Appendix] の Lemma A.1 を参照されたい．この補題により，例えば(積分端点 x_0 を U^* 内に取って定めた) WKB 解 $\psi_+(x,\eta)$ の Borel 変換 $\psi_{+,B}(x,y)$ は，

(2.19) $$s(x) = \int_{x_0}^{x} S_{-1}(x)dx$$

と定めるとき，$y = -s(x)$ の近傍で正則である．なお，ψ_+ の Borel 変換を考えるためには，

$$\psi_+(x,\eta) = \exp(s(x)\eta) \exp\left(\int_{x_0}^{x} S_0(x)dx\right) \exp\left(\sum_{j \geq 1} \int_{x_0}^{x} S_j(x)\eta^{-j}dx\right)$$

と WKB 解を分解した上で，右辺の第3因子に対しては指数函数の Taylor 展開を適用して

$$\exp\left(\sum_{j \geq 1} \int_{x_0}^{x} S_j(x)\eta^{-j}dx\right)$$
$$= 1 + \left(\sum_{j \geq 1} \int_{x_0}^{x} S_j \eta^{-j}dx\right) + \frac{1}{2!}\left(\sum_{j \geq 1} \int_{x_0}^{x} S_j \eta^{-j}dx\right)^2 + \cdots$$
$$= 1 + \left(\int_{x_0}^{x} S_1 dx\right)\eta^{-1} + \left(\int_{x_0}^{x} S_2 dx + \frac{1}{2}\left(\int_{x_0}^{x} S_1 dx\right)^2\right)\eta^{-2} + \cdots$$

と考えることにより，第1章の Borel 変換の定義を適用することをここで念のため注意しておく．

さて，Borel 変換の定義より明らかに

$$(2.20) \quad \left(\frac{\partial^2}{\partial x^2} - Q(x)\frac{\partial^2}{\partial y^2}\right)\psi_{+,B}(x,y) = 0$$

が成立する．他方, $\psi_{+,B}(x,y)$ は y の函数と見たとき多価解析函数としてどこまでも解析接続できること，またその増大度は tame であること(Voros [41, p. 223])が知られている(Ecalle [14], Candelpergher–Nosmas–Pham [8]及び「今後の方向と課題」参照)．第 1 章で説明したように，$\psi_+(x,\eta)$ の Borel 和は

$$(2.21) \quad \int_{-s(x)}^{\infty} \exp(-y\eta)\psi_{+,B}(x,y)dy$$

なる積分として(実際それが有限確定値となるときに)定義されるから，$\psi_{+,B}(x,y)$ が積分路 $[-s(x),\infty)$ 内に特異点を持つか否かが Borel 和が確定するかどうかを決定する．ところが，$\psi_{+,B}(x,y)$ は方程式(2.20)を満たし，方程式(2.1)の変わり点がすべて単純であれば，方程式の解の特異性の伝播に関する一般理論(佐藤–河合–柏原[35, Chap. II])により，$\psi_{+,B}(x,y)$ の特異性は**陪特性曲線**(bicharacteristic curve), すなわち

$$(2.22) \quad \left(\frac{dy(x)}{dx}\right)^2 = Q(x)$$

の解曲線 $y=y(x)$ に沿ってのみ伝播する．なお，もしそれが $Q(x)$ の零点 a を通っている場合には，$x=a$ で $y=y(x)$ なる曲線は特異点を持つけれども，特異性の伝播という観点からはひとつながりのものとして特異性の運び手となることに注意されたい．

(この事実は a が単純変わり点であることによる．実は，陪特性曲線は，より本質的には以下の Hamilton(–Jacobi)系(2.23)で定義される陪特性帯の (x,y)–空間への射影として理解されるべきで(佐藤–河合–柏原[35, Chap. II], 柏原–河合–木村[24, Chap. 4]), 今の場合，陪特性帯は非特異であることがその背景にある．

$$(2.23)\quad \begin{cases} \dfrac{dx(t)}{dt} = 2\xi(t), \\ \dfrac{dy(t)}{dt} = -2Q(x(t))\eta(t), \\ \dfrac{d\xi(t)}{dt} = \dfrac{\partial Q}{\partial x}(x(t))\eta(t)^2, \\ \dfrac{d\eta(t)}{dt} = 0, \\ \xi(t)^2 - Q(x(t))\eta(t)^2 = 0, \qquad (\xi,\eta) \neq 0. \end{cases}$$

読者は,上の Hamilton 系の解 $(x(t),y(t);\xi(t),\eta(t))$ が $x=a$ の近傍で非特異曲線となること,またその解曲線の (x,y)-空間への射影が(2.22)を満たすことを自ら確かめられたい.)

さて,すでに注意したように S_{2j-1} は $\sqrt{Q(x)}$ の奇数ベキの項のみから成るので,単純変わり点 a の近傍では $(x-a)^{-l/2}$ (l: 奇数)の形の特異性しか示さない.したがって,WKB 解の定義式(2.11)において,積分端点 x_0 として a を取り

$$(2.24)\quad \int_a^x S_{2j-1}(x)dx = \frac{1}{2}\int_{\check{x}}^x S_{2j-1}(x)dx$$

と定めても構わない.ただし $\check{x}$ は,$(x-a)^{-l/2}$(より正確には,$\sqrt{Q(x)}$)の Riemann 面における(x が含まれているのとは)異なるシート上で x に対応する点を表わす.ここで(2.24)の右辺は図 2.1 の積分路に沿っての積分であり,点線部に沿っては(2 番目のシート上で考えていることにより)符号 (-1) が現われ,さらに点線部に沿っての積分路の向き付けが実線部に沿ってのそ

図 2.1 $\int_a^x S_{2j-1}dx$ の意味付け.(波線は,$(x-a)^{-l/2}$ の分枝を指定するためのカット,点線は 2 番目のシート上での積分路,$\check{x}$ は 2 番目のシート上で x に対応する点を表わす.)

れと逆であることから(2.24)が得られることに注意.このような特別な端点の選び方をすれば, (2.19)で与えられる $s(x)$ に対し

$$(2.25) \qquad \Im(-s(x)-s(x)) = -2\Im\int_a^x \sqrt{Q(x)}\,dx = 0$$

となるとき, $\psi_{+,B}(x,y)$ は(2.21)の積分路上に特異性を持ち, しかも, その特異点 $y=s(x)$ は $\psi_-(x,\eta)$ の Borel 和を与える積分の端点ともなっている (図2.2参照).

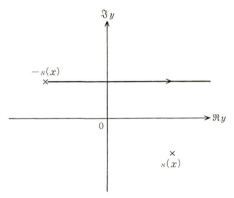

図 **2.2** $\psi_+(x,\eta)$ の Borel 和を与える積分路と $\psi_{+,B}(x,y)$ の含むもう一つの特異点 $y=s(x)$; $y=s(x)$ が積分路にぶつかる条件が (2.25)である.

これらの事実が WKB 解に対する接続公式の基礎となる.この間の事情を, まず $Q(x)=x$ という最も簡単な場合に, 具体的な計算により理解することを次節の目標とする.ただ, そこでの計算を一般の場合の特殊例として理解しやすくするために, (2.25)に示唆された次の定義を導入してこの節の結びとする.

定義 2.6 点 a を(2.1)の変わり点とするとき,

$$(2.26) \qquad \Im\int_a^x \sqrt{Q(x)}\,dx = 0$$

で定まる実1次元曲線を(2.1)の **Stokes 曲線**(Stokes curve)と呼ぶ. □

注意 2.7 ここで定義した Stokes 曲線を反 Stokes 曲線と呼び，

$$\Re \int_a^x \sqrt{Q(x)}\, dx = 0$$

で定まる曲線を Stokes 曲線と呼ぶ流儀もあるが，WKB 解析における Borel 和の概念の基本的重要性が明らかになった現在では適当な語法とは思われない．

§2.2 WKB 解の接続公式 — $Q(x)=x$ の場合

本節では，次の Airy 型 (Airy-type) の Schrödinger 方程式 (2.27) の WKB 解の具体的計算を行う．

$$(2.27) \qquad \left(-\frac{d^2}{dx^2}+\eta^2 x\right)\psi(x,\eta)=0.$$

このとき，付随する Riccati 方程式は

$$(2.28) \qquad S^2+\frac{\partial S}{\partial x}=\eta^2 x.$$

したがって

$$S_{-1}=\pm\sqrt{x},\quad S_0=-\frac{1}{4x},\quad S_1=\pm\frac{5}{32}x^{-5/2},\quad \cdots.$$

漸化式 (2.6) をあわせて考えれば，

$$(2.29) \qquad S_j=c_j x^{-1-3j/2} \quad (c_j: \text{定数})$$

と予想され，帰納法により確かにそうであることは見やすい．WKB 解 $\psi_\pm$ の定義式 (2.11) において積分端点を変わり点 $x=0$ に取ることとすれば ((2.24) 参照)，j が奇数のとき

$$(2.30) \qquad \int_0^x S_j\, dx=-\frac{2}{3j}c_j x^{-3j/2}.$$

したがって $\psi_\pm$ は次の函数形を持つ．

$$(2.31) \qquad \psi_\pm=\frac{\sqrt{x}}{\sqrt{x^{3/2}\eta+\dfrac{5}{32}x^{-3/2}\eta^{-1}+\cdots}}\exp\pm\left(\frac{2}{3}x^{3/2}\eta+\cdots\right).$$

(ここで … の部分は $x^{3/2}\eta$ のみの函数.) よって

$$
\begin{aligned}
\psi_{\pm,B} &= \frac{x^{-1/4}}{\varGamma(1/2)}\left(y\pm\frac{2}{3}x^{3/2}\right)^{-1/2}\Bigl\{1+b_1^{\pm}x^{-3/2}\left(y\pm\frac{2}{3}x^{3/2}\right) \\
&\qquad\qquad +b_2^{\pm}\left(x^{-3/2}\right)^2\left(y\pm\frac{2}{3}x^{3/2}\right)^2+\cdots\Bigr\} \\
&= \frac{x^{-1}}{\sqrt{\pi}}\left(\frac{y}{x^{3/2}}\pm\frac{2}{3}\right)^{-1/2}\Bigl\{1+b_1^{\pm}\left(\frac{y}{x^{3/2}}\pm\frac{2}{3}\right) \\
&\qquad\qquad +b_2^{\pm}\left(\frac{y}{x^{3/2}}\pm\frac{2}{3}\right)^2+\cdots\Bigr\}.
\end{aligned}
\tag{2.32}
$$

すなわち, $\psi_{\pm,B}$ の函数形は次のようになる.

$$
\psi_{\pm,B}(x,y) = \frac{h_{\pm}(t)}{x}, \qquad t = \frac{y}{x^{3/2}}. \tag{2.33}
$$

他方, $\psi_{\pm,B}$ は (2.20) なる方程式を満たすから, (2.33) を (2.20) に代入して多少の計算を行うことにより, $h_{\pm}(t)$ の満たす次の方程式を得る.

$$
\left(1-\frac{9}{4}t^2\right)\frac{d^2 h_{\pm}}{dt^2}-\frac{27}{4}t\frac{dh_{\pm}}{dt}-2h_{\pm}=0. \tag{2.34}
$$

ここで $s=\dfrac{3}{4}t+\dfrac{1}{2}$ なる変数変換を行えば, 次の形の微分方程式を得る.

$$
\left(s(1-s)\frac{d^2}{ds^2}+\left(\frac{3}{2}-3s\right)\frac{d}{ds}-\frac{8}{9}\right)h_{\pm}=0. \tag{2.35}
$$

これは超幾何微分方程式 ([29, p.59]) で, その3つのパラメータ (α,β,γ) を次のように選んだものに他ならない.

$$
\alpha=\frac{2}{3}, \quad \beta=\frac{4}{3}, \quad \gamma=\frac{3}{2}.
$$

今 s の定義により

$$
s=0 \quad \longleftrightarrow \quad y=-\frac{2}{3}x^{3/2} \tag{2.36}
$$

$$
s=1 \quad \longleftrightarrow \quad y=\frac{2}{3}x^{3/2} \tag{2.37}
$$

が成り立つから，微分方程式(2.35)より，(2.33)において，h_+ は $s=0$ の近傍で $g_+(s)/\sqrt{s}$, h_- は $s=1$ の近傍で $g_-(s-1)/\sqrt{s-1}$ という形を各々持つことがわかる．(ここで $g_\pm$ はいずれも原点の近傍で正則な函数．) 超幾何微分方程式の基本解系は有名な Kummer の表示式([29, p.64〜65])により与えられているから，それを参照して，$\psi_{\pm,B}(x,y)$ の(Gaussの)**超幾何函数** (hypergeometric function, [29, p.58]) $F(\alpha,\beta,\gamma;z)$ を用いた次の表示を得る．

(2.38) $\qquad \psi_{+,B} = C\dfrac{1}{x} s^{-1/2} F\left(\dfrac{1}{6}, \dfrac{5}{6}, \dfrac{1}{2}; s\right),$

(2.39) $\qquad \psi_{-,B} = C\dfrac{1}{x} (s-1)^{-1/2} F\left(\dfrac{5}{6}, \dfrac{1}{6}, \dfrac{1}{2}; 1-s\right).$

ここで C は((x,s) に依らない)定数であり，その具体的な値は(2.32)と比較することにより

(2.40) $\qquad\qquad\qquad C = \dfrac{\sqrt{3}}{2\sqrt{\pi}}.$

詳しい計算にはいる前に，前節の主張を具体的に検証してみよう．まず(2.38), (2.39)より直ちにわかることは，$\psi_{\pm,B}$ が全 y-平面に多価解析函数として解析接続されること，そしてその $y=\infty$ の近傍での挙動が tame であることである．さらに，例えば $\psi_{+,B}$ は，(2.38)からわかるように $s=0$ (すなわち $y=-\dfrac{2}{3}x^{3/2}$)のみならず，$s=1$ (すなわち $y=\dfrac{2}{3}x^{3/2}$)にも特異点を持つ．この特異点が(2.21)の積分路にのる条件は

(2.41) $\qquad\qquad\qquad \Im x^{3/2} = 0.$

これは(2.25)で $Q=x$ とした条件に他ならない．したがって，我々の次の課題は「$s=1$ での $\psi_{+,B}$ の特異性は $\psi_{-,B}$ とどのように関係するか？」ということになる．本章の冒頭でも触れたように，この問題に対する解答は，$\psi_{\pm,B}$ がいずれも超幾何函数による具体的表示を持っているので，古典的な Gauss の(超幾何函数に対する)接続公式によって与えられる．以下その計算を具体的に実行してみよう．

まず，$F(1/6, 5/6, 1/2; s)$ が $s=1$ の近傍でどのような特異性を示すかを見よう．Gauss の公式([29, p.59])により

(2.42)
$$F\left(\frac{1}{6}, \frac{5}{6}, \frac{1}{2}; s\right) = \frac{\Gamma(1/2)^2}{\Gamma(1/6)\Gamma(5/6)}(1-s)^{-1/2} F\left(\frac{1}{3}, -\frac{1}{3}, \frac{1}{2}; 1-s\right)$$
$$+ \frac{\Gamma(1/2)\Gamma(-1/2)}{\Gamma(1/3)\Gamma(-1/3)} F\left(\frac{1}{6}, \frac{5}{6}, \frac{3}{2}; 1-s\right).$$

特に右辺の第1項が $F(1/6, 5/6, 1/2; s)$ の $s=1$ の近傍での特異部分を与える．したがって，

$$\Gamma\left(\frac{1}{2}\right) = \sqrt{\pi}, \qquad \Gamma\left(\frac{1}{6}\right)\Gamma\left(\frac{5}{6}\right) = \frac{\pi}{\sin(\pi/6)} = 2\pi$$

を用いれば，$\psi_{+,B}$ の $s=1$ の近傍での特異部分は(2.38)により次式で与えられる．

(2.43)
$$C \frac{1}{2x} s^{-1/2}(1-s)^{-1/2} F\left(\frac{1}{3}, -\frac{1}{3}, \frac{1}{2}; 1-s\right).$$

ここで，(2.43)のうち $s^{-1/2}F(1/3,-1/3,1/2;1-s)$ なる因子に対し，これも古典的な Kummer の公式([29, p.59])，すなわち

(2.44)
$$F(a,b,c;z)\ (=F(b,a,c;z))$$
$$= (1-z)^{c-a-b} F(c-a, c-b, c; z)$$

を $a=1/6,\ b=5/6,\ c=1/2,\ z=1-s$ と選んで適用すれば，$F(5/6, 1/6, 1/2; 1-s)$ を得る．したがって，(2.39)をあわせ用いて，$\psi_{+,B}$ の $s=1$（すなわち $y=\frac{2}{3}x^{3/2}$）の近傍での特異部分は

(2.45)
$$C \frac{1}{2x}(1-s)^{-1/2} F\left(\frac{5}{6}, \frac{1}{6}, \frac{1}{2}; 1-s\right) = \pm \frac{i}{2}\psi_{-,B}.$$

(符号 ± は分枝の選び方に依る．) あるいは，物理学者の語法にならって，カットを

$$\left\{y \in \mathbb{C};\ \Im y = \Im\left(\frac{2}{3}x^{3/2}\right),\ \Re y \geqq \Re\left(\frac{2}{3}x^{3/2}\right)\right\}$$

と定めて，$\psi_{+,B}$ の**不連続性**(discontinuity) $\Delta_{\frac{2}{3}x^{3/2}}\psi_{+,B}$（すなわち，カットの上側からの境界値と下側からの境界値の差）の言葉で述べれば，次の等式が得られたことになる．

§2.2 WKB解の接続公式 — $Q(x)=x$の場合 —— 25

(2.46) $$\Delta_{\frac{2}{3}x^{3/2}}\psi_{+,B}(x,y) = i\psi_{-,B}(x,y).$$

以上の準備のもとに,正の実軸を越えての ψ_+ の Borel 和に対する状況の変化を,$x=1+i\epsilon$ ($|\epsilon|\ll 1$) として積分路もあわせて図示したのが図 2.3 である.すなわち,$\epsilon<0$ のとき (図(a)) は,積分 (Borel 和) に無関係であった特異点 $y=\frac{2}{3}x^{3/2}$ が,$\epsilon=0$ で積分路にぶつかり (図(b)),$\epsilon>0$ では,元の Borel 和は 2 つの積分の和となる (図(c)).この 2 つの積分の一方は (定義により) $\epsilon>0$ での ψ_+ の Borel 和であるが,もう一方の新たに加わった積分は (2.46) により ψ_- の Borel 和の i 倍に他ならない.ここで,新たに加わる項 (積分) は,問題としている ψ_+ に比し指数的に小さい項であることを注意しておこう.

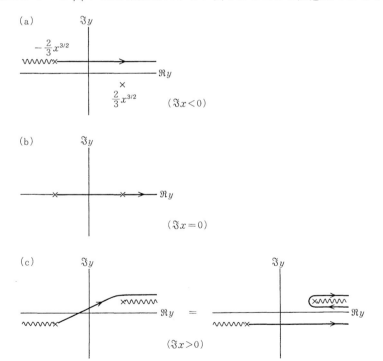

図 2.3 正の実軸を越えての ψ_+ の Borel 和に対する状況の変化.

これまでにわかったことを補題の形にまとめれば,

補題 2.8 $Q(x) = x$ の場合, ψ_+ が ψ_- に比し大なるとき(すなわち $\Re x^{3/2} > 0$ のとき), $\Im x$ が負から正に変わると, ψ_- (正確にはその Borel 和) は不変であるが, ψ_+ (やはり正確にはその Borel 和) は $\psi_+ + i\psi_-$ に変化する. □

§2.3 WKB 解の接続公式 —— 一般の場合

本節では, Voros による単純変わり点の近傍での WKB 解の接続公式を一般的に示すことを目標とする. 前節の結果を用いて一般の場合の証明を行うわけであるが, それに先立ち, 次の補題に注意しよう.

補題 2.9 各 Stokes 曲線は, 変わり点に流れ込むか, あるいは方程式(2.1)の特異点に流れ込む.

[証明] 定義 2.6 により, Stokes 曲線は
$$\Im(\sqrt{Q(x)}\,dx) = 0 \tag{2.47}$$
で定義される $\mathbb{C}$ 上の方向場の積分曲線であって, 特に変わり点から出るものである. よく知られたように, こうした方向場の積分曲線は, 特異点にぶつからない限りどこまでも延長できる. 今の場合, 方向場(2.47)の特異点は方程式(2.1)の変わり点あるいは特異点に限られるから, したがって各 Stokes 曲線は変わり点あるいは特異点に流れ込む. ■

定義 2.10 Stokes 曲線で囲まれた x-平面内の領域(すなわち, 連結開集合)を **Stokes 領域**(Stokes region)と呼ぶ. □

例 2.11 ここで, 簡単なポテンシャル $Q(x)$ に対し Stokes 領域の形状がどのようになるか, そのいくつかを図示してみよう. 図 2.4 を参照(より複雑な例については第 3 章例 3.7 を参照されたい). これらの図示は, 計算機を用いての数値計算によっている. そのプログラム等の詳細については, 近畿大学理工学部の青木貴史氏にお尋ねになることを勧めたい. □

本書では証明を Voros [41] に譲るが, 次の事実は重要である.

命題 2.12 方程式(2.1)のすべての変わり点は単純であり, またどの変わり点も Stokes 曲線で結ばれることはないとする(すなわち, 図 2.4(ii)のよう

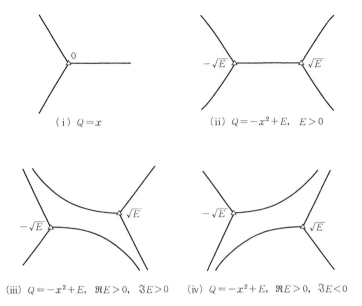

(i) $Q=x$

(ii) $Q=-x^2+E$, $E>0$

(iii) $Q=-x^2+E$, $\Re E>0$, $\Im E>0$

(iv) $Q=-x^2+E$, $\Re E>0$, $\Im E<0$

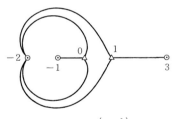

(v) $Q=\dfrac{x(x-1)}{((x+1)(x+2)(x-3))^2}$

図2.4 簡単なポテンシャル $Q(x)$ に対する Stokes 曲線と Stokes 領域の概形(変わり点を △, (確定)特異点を ⊙ で示した).

な状況にはないとする). このとき, WKB 解の Borel 和は各 Stokes 領域上確定し, そこで(x の函数として)正則である. □

WKB 解が方程式(2.1)を満たすことより, WKB 解の Borel 和は各 Stokes 曲線を越えて解析接続される. しかし, 先に第1節(特に図 2.2 の付近)や第2節の終りで説明したように, Stokes 曲線上では Borel 和を与える積分の積分路に他の特異点がぶつかり, Stokes 曲線を越えてその積分を考えるためには積分路を取り替える必要がある. したがって,「隣接する領域に解析接続された WKB 解がその領域での WKB 解(の Borel 和)とどう関係するか?」が重要な問題となる. この問題に対する解答が Voros [41] による「WKB 解の接続公式」であり, 前節の結果はこの間の事情を $Q=x$ という場合に明らかにしたものに他ならない. 本節では, Q が一般の場合の WKB 解に対する接続公式を, 単純変わり点の近傍における「変換の理論」(定理 2.15)により一般の場合を $Q=x$ の場合に帰着させて証明する. 以下議論の大筋は [1, §2] に従う. その議論は, Bender–Wu [7] を我々流に解釈しよう, との試みの中で得られたものであった.

注意 2.13 [1] の執筆時はもちろん, その後も長く知らなかったのだが, 1995年春ニュートン研究所(英国)で Silverstone 氏と会う機会があり, 同氏の論文 [36] を知ることができた. これは,「変換の理論」が Borel 和と相性が良い, という事実を最初に認識したと思われる興味深いもので, 正直のところ, その論理の緻密さにはまったく脱帽した. Bender–Wu [7] と Voros [41] から勉強を始めた我々にとっては, 特にそのような問題があることすらはっきりとは認識していなかったのだが, 古典的 WKB 解析に含まれるあいまいさが色濃く残っていた(例えば, この方面で最も優れた教科書との定評がある Bender–Orszag [6] ですら, この点に関しては議論がかなり怪しげである(例えば p. 512 他))当時, これだけ明快な主張をした Silverstone 氏の精神の強靭さには感服する. Exact science とはかくあるべきという見本のような論文であり, 読者に是非一読をお勧めしたい.

注意 2.14「変換の理論」は「Painlevé 函数の WKB 解析」(第 4 章)においても基本的な役割を果たす.

定理 2.15 方程式(2.1)において独立変数を $\tilde{x}$ と記すこととし, そのポテ

ンシャル $Q(\tilde{x})$ は $\tilde{x}=0$ の近傍において正則であり，かつ

(2.48) $\qquad \tilde{x}=0$ は方程式(2.1)の単純変わり点である

と仮定する．このとき，以下の条件(i)〜(v)を満たす無限級数

(2.49) $\qquad x(\tilde{x},\eta)=x_0(\tilde{x})+x_1(\tilde{x})\eta^{-1}+x_2(\tilde{x})\eta^{-2}+\cdots$

が存在する.

(i) $\tilde{x}=0$ の適当な開近傍 $\tilde{U}$ が存在して，$x_j(\tilde{x})$ は $\tilde{U}$ で正則.

(ii) $\tilde{U}$ 上で $dx_0/d\tilde{x}\neq 0$.

(iii) $x_j(\tilde{x})$ は j が奇数ならば恒等的に 0.

(iv) $\tilde{U}$ 内の任意のコンパクト集合 K に対し，ある定数 A_K, C_K が存在して

(2.50) $\qquad \displaystyle\sup_{\tilde{x}\in K}|x_j(\tilde{x})|\leqq A_K C_K^j j!$

が成立する.

(v) 次が成り立つ.

(2.51) $\qquad \eta^2 Q(\tilde{x})=\eta^2\left(\dfrac{\partial x}{\partial \tilde{x}}\right)^2 x(\tilde{x},\eta)-\dfrac{1}{2}\{x;\tilde{x}\}.$

ただし，$\{x;\tilde{x}\}$ は Schwarz 微分(Schwarzian derivative)，すなわち

(2.52) $\qquad \{x;\tilde{x}\}=\dfrac{\dfrac{\partial^3 x(\tilde{x},\eta)}{\partial \tilde{x}^3}}{\dfrac{\partial x(\tilde{x},\eta)}{\partial \tilde{x}}}-\dfrac{3}{2}\left(\dfrac{\dfrac{\partial^2 x(\tilde{x},\eta)}{\partial \tilde{x}^2}}{\dfrac{\partial x(\tilde{x},\eta)}{\partial \tilde{x}}}\right)^2.$

□

証明に入る前に，この「変換論」が WKB 解析とどのように関わるのかを示す次の定理もあわせて述べておこう(なお「今後の方向と課題」も参照).

定理 2.16 前定理と同じ仮定の下に，そこで構成された無限級数 $x(\tilde{x},\eta)$ は次の性質を持つ.

(2.53) $\qquad \tilde{S}(\tilde{x},\eta)=\left(\dfrac{\partial x}{\partial \tilde{x}}\right)S(x(\tilde{x},\eta),\eta)-\dfrac{1}{2}\dfrac{\dfrac{\partial^2 x}{\partial \tilde{x}^2}(\tilde{x},\eta)}{\dfrac{\partial x}{\partial \tilde{x}}(\tilde{x},\eta)}.$

ただし，ここで $\tilde{S},S$ は各々対応する Riccati 方程式の解，すなわち

とし，$\tilde{S}^2 + \dfrac{\partial \tilde{S}}{\partial \tilde{x}} = \eta^2 Q(\tilde{x}),$

(2.54)
$$\tilde{S}^2 + \frac{\partial \tilde{S}}{\partial \tilde{x}} = \eta^2 Q(\tilde{x}),$$
$$S^2 + \frac{\partial S}{\partial x} = \eta^2 x$$

とし，$\tilde{S}_{-1} = \sqrt{Q(\tilde{x})}$, $S_{-1} = \sqrt{x}$ の分枝は

(2.55)
$$\tilde{S}_{-1}(\tilde{x}) = S_{-1}(x_0(\tilde{x}))\frac{dx_0}{d\tilde{x}}$$

となるように選ばれているものとする．（なお，(2.51) の両辺で η^2 の項を比較すれば

(2.56)
$$Q(\tilde{x}) = \left(\frac{dx_0}{d\tilde{x}}\right)^2 x_0(\tilde{x})$$

が得られることに注意．） □

系 2.17

(2.57)
$$\tilde{S}_{\mathrm{odd}}(\tilde{x}, \eta) = \left(\frac{\partial x}{\partial \tilde{x}}\right) S_{\mathrm{odd}}(x(\tilde{x}, \eta), \eta).$$
□

系 2.18 (2.1) の WKB 解 $\tilde{\psi}_\pm(\tilde{x}, \eta)$ 及び (2.27) の WKB 解 $\psi_\pm(x, \eta)$ において，その積分端点をいずれも変わり点に取るという正規化（(2.24), (2.30) 参照）を行えば，

(2.58)
$$\tilde{\psi}_\pm(\tilde{x}, \eta) = \left(\frac{\partial x}{\partial \tilde{x}}\right)^{-1/2} \psi_\pm(x(\tilde{x}, \eta), \eta)$$

が成立する． □

注意 2.19 (2.51), (2.53), (2.58) において $(\partial x/\partial \tilde{x})^{-1}, (\partial x/\partial \tilde{x})^{-1/2}$ 等が現われるが，これらは定理 2.15 の (ii) によりすべて η^{-1} の無限級数として well-defined である．なお，評価 (2.50) を用いてのより解析的な意味付けについては，後述の定理 2.21 を参照されたい．

関係式 (2.51) の意味を理解して頂くために，定理 2.15 の証明は後回しにして，まず定理 2.16 及びその系がどのように定理 2.15 から従うかを考えてみよう．

§2.3 WKB 解の接続公式 — 一般の場合 — 31

まず，(2.53)が(2.51)から従うことを見ておこう．以下，誤解のおそれのないときは，$\partial x/\partial \tilde{x}$ を x' と略記する．S の定義により

$$\left(x'S(x(\tilde{x},\eta),\eta) - \frac{1}{2}\frac{x''}{x'}\right)^2 + \left(x'S(x(\tilde{x},\eta),\eta) - \frac{1}{2}\frac{x''}{x'}\right)'$$

$$= x'^2 S^2 - x''S + \frac{1}{4}\left(\frac{x''}{x'}\right)^2 + x''S$$

$$\quad + x'^2\left(\frac{\partial S}{\partial x}\right)(x(\tilde{x},\eta),\eta) + \frac{1}{2}\frac{x''^2}{x'^2} - \frac{1}{2}\frac{x'''}{x'}$$

$$= x'^2\eta^2 x(\tilde{x},\eta) - \frac{1}{2}\{x;\tilde{x}\}.$$

したがって，(2.51)より

(2.59)
$$\left(x'S(x(\tilde{x},\eta),\eta) - \frac{1}{2}\frac{x''}{x'}\right)^2 + \left(x'S(x(\tilde{x},\eta),\eta) - \frac{1}{2}\frac{x''}{x'}\right)' = \eta^2 Q(\tilde{x}).$$

これは，$T \stackrel{\text{def}}{=} x'S(x(\tilde{x},\eta),\eta) - x''/(2x')$ が $\tilde{S}(\tilde{x},\eta)$ と同じ Riccati 方程式を満たすことを意味している．仮定(2.55)より $T_{-1} = \tilde{S}_{-1}$ が成り立っているから (x''/x' は η^{-1} について高々 0 次であることに注意)，漸化式(2.6)に基づく Riccati 方程式の解の一意性により $T = \tilde{S}$，すなわち求める関係式(2.53)を得る．この関係式のうち，η の奇数ベキの項を比較すれば(2.57)が得られる．次に，単純変わり点を積分端点とする S_{odd} の積分の意味付け（図2.1及び(2.24)参照）により，(2.57)を(2.1)の単純変わり点である 0（仮定(2.48)参照）から $\tilde{x}$ まで積分すると

(2.60)
$$\int_0^{\tilde{x}} \tilde{S}_{\text{odd}}(\tilde{x},\eta)d\tilde{x} = \frac{1}{2}\int_{\tilde{x}}^{\tilde{x}} \tilde{S}_{\text{odd}}(\tilde{x},\eta)d\tilde{x}$$

$$= \frac{1}{2}\int_{\tilde{x}}^{\tilde{x}} S_{\text{odd}}(x(\tilde{x},\eta),\eta)\frac{dx}{d\tilde{x}}d\tilde{x}.$$

今 $y(\tilde{x},\eta) = x_1(\tilde{x})\eta^{-1} + x_2(\tilde{x})\eta^{-2} + \cdots$（すなわち，$x(\tilde{x},\eta) = x_0(\tilde{x}) + y(\tilde{x},\eta)$）と書くことにすれば，(形式的な) Taylor 展開の公式により

(2.61)
$$S_{\text{odd}}(x(\tilde{x},\eta),\eta)\frac{dx}{d\tilde{x}}$$
$$=\left(\sum_{n\geqq 0}\frac{\partial^n S_{\text{odd}}}{\partial x^n}(x_0,\eta)\frac{y^n}{n!}\right)(x_0'+y')$$
$$=\sum_{n\geqq 0}\frac{\partial^n S_{\text{odd}}}{\partial x^n}(x_0,\eta)\frac{y^n}{n!}x_0'+\sum_{n\geqq 0}\frac{\partial^n S_{\text{odd}}}{\partial x^n}(x_0,\eta)\left(\frac{y^{n+1}}{(n+1)!}\right)'.$$

したがって,部分積分の公式を用いて

(2.62)
$$\frac{1}{2}\int_{\tilde{x}}^{\tilde{x}}S_{\text{odd}}(x(\tilde{x},\eta),\eta)\frac{dx}{d\tilde{x}}d\tilde{x}$$
$$=\frac{1}{2}\int_{\tilde{x}}^{\tilde{x}}\sum_{n\geqq 0}\frac{\partial^n S_{\text{odd}}}{\partial x^n}(x_0,\eta)\frac{y^n}{n!}x_0'd\tilde{x}+\sum_{n\geqq 0}\frac{\partial^n S_{\text{odd}}}{\partial x^n}(x_0,\eta)\frac{y^{n+1}}{(n+1)!}$$
$$-\frac{1}{2}\int_{\tilde{x}}^{\tilde{x}}\sum_{n\geqq 0}\frac{\partial^{n+1}S_{\text{odd}}}{\partial x^{n+1}}(x_0,\eta)x_0'\frac{y^{n+1}}{(n+1)!}d\tilde{x}$$
$$=\frac{1}{2}\int_{\tilde{x}}^{\tilde{x}}S_{\text{odd}}(x_0,\eta)x_0'd\tilde{x}+\sum_{n\geqq 0}\frac{\partial^n S_{\text{odd}}}{\partial x^n}(x_0,\eta)\frac{y^{n+1}}{(n+1)!}$$
$$=\frac{1}{2}\int_{\tilde{x}_0}^{x_0}S_{\text{odd}}(x,\eta)dx+\sum_{n\geqq 0}\frac{\partial^n S_{\text{odd}}}{\partial x^n}(x_0,\eta)\frac{y^{n+1}}{(n+1)!}.$$

($x_0(\tilde{x})$ は $\tilde{x}=0$ の近傍で正則であるから,$\tilde{x}$ が $\tilde{\tilde{x}}$ まで動くとき,$x_0(\tilde{x})$ は(x-変数に関する)2番目のシート上で $x_0(\tilde{x})$ に対応する点まで動くことに注意.)
再び Taylor 展開の公式を用いれば,(2.62)の右辺は

(2.63)
$$\frac{1}{2}\int_{\tilde{x}}^{x}S_{\text{odd}}(x,\eta)dx\bigg|_{x=x(\tilde{x},\eta)}$$

すなわち

(2.64)
$$\int_0^x S_{\text{odd}}(x,\eta)dx\bigg|_{x=x(\tilde{x},\eta)}$$

に等しい.したがって,WKB 解 $\psi_\pm$ の定義(2.11)より($\sqrt{S_{\text{odd}}},\sqrt{\tilde{S}_{\text{odd}}}$ の分枝は整合的に取るとして)(2.58)を得る.なお,(2.58)の対数微分を取れ

ば(2.53)が得られ，また(2.53)から(2.51)が従うことも明らかであろう．

注意 2.20 ここでは，定理 2.15 で変換 $x = x(\tilde{x}, \eta)$ を構成し，その変換が WKB 解(系 2.18)，あるいはその対数微分(定理 2.16，系 2.17)をどのように変換するかを論じた．すでに注意したように，定理 2.15 と定理 2.16 は同値であり，また，関係式(2.9)により系 2.17 と定理 2.16 も同値である．実際，「Painlevé 函数の WKB 解析」においては(本書の第 4 章では変換の証明に立ち入らないから表面上は現われないけれども)，定理 2.15 のようなポテンシャル Q の変換という立場と，系 2.17 のような S_{odd} の変換という立場とをあわせ用いて議論を展開する．これに対し系 2.18 は，理念的には，定理 2.15 とはレベルの違う問題であることに注意しておこう；本来，定理 2.15 の形の変換論では，$\tilde{\psi}_\pm$ と $\psi_\pm$ の間の定数倍の違いは処理できないはずだからである．今の場合，単純変わり点の近傍では WKB 解の規準的な正規化(すなわち，定義式(2.11)において積分端点 x_0 として当該の単純変わり点を取る)が存在するので，定理 2.15 から系 2.18 が従うのである．

このようにして定理 2.15 が WKB 解の変換と表裏一体のものであることがわかったところで，定理 2.15 の証明に入ろう．

[定理 2.15 の証明] $\tilde{x} = 0$ が単純変わり点であるという仮定より，一般性を失うことなく

$$(2.65) \qquad Q(\tilde{x}) = \tilde{x}\left(1 + \sum_{j \geq 1} a_j \tilde{x}^j\right)$$

と仮定してよい．また，$x = \sum_{j \geq 0} x_j(\tilde{x}) \eta^{-j}$ とおくとき，η^{-1} に関する形式ベキ級数として次の(2.66)～(2.68)が成り立つことは自明である．

$$(2.66) \quad \begin{aligned} \frac{x'''(\tilde{x}, \eta)}{x'(\tilde{x}, \eta)} &= \frac{1}{x_0'}\left(\sum_{k=0}^\infty \eta^{-k} x_k'''\right)\left(\sum_{l=0}^\infty (-1)^l \left(\sum_{\mu=1}^\infty \eta^{-\mu} \frac{x_\mu'}{x_0'}\right)^l\right) \\ &= \frac{1}{x_0'} \sum_{n=0}^\infty \eta^{-n} \Bigg(\sum_{\substack{k+\mu+l=n \\ k,\mu,l \geq 0}} \frac{(-1)^l}{x_0'^l} \\ &\qquad \times \sum_{\substack{\mu_1+\cdots+\mu_l = \mu \\ \mu_1,\cdots,\mu_l \geq 0}} x_k''' x_{\mu_1+1}' \cdots x_{\mu_l+1}'\Bigg), \end{aligned}$$

(2.67) $$\left(\frac{x''(\tilde{x},\eta)}{x'(\tilde{x},\eta)}\right)^2 = \frac{1}{x_0'^2} \sum_{n=0}^{\infty} \eta^{-n} \left(\sum_{\substack{k_1+k_2+\mu+l=n \\ k_1,k_2,\mu,l \geq 0}} \frac{(-1)^l(l+1)}{x_0'^l} \right.$$
$$\left. \times \sum_{\substack{\mu_1+\cdots+\mu_l=\mu \\ \mu_1,\cdots,\mu_l \geq 0}} x''_{k_1} x''_{k_2} x'_{\mu_1+1} \cdots x'_{\mu_l+1} \right),$$

(2.68) $$x'^2 x = \sum_{n=0}^{\infty} \eta^{-n} \left(\sum_{\substack{k_1+k_2+l=n \\ k_1,k_2,l \geq 0}} x'_{k_1} x'_{k_2} x_l \right).$$

これらを(2.51)に代入して，(2.51)を $\{x_j\}_{j \geq 0}$ の満たすべき関係式として書き換えてみよう．(2.51)の両辺で η に関して $(2-n)$ 次の項を比べることにより，次の関係式を得る．

(2.69.0) $\qquad Q(\tilde{x}) = x_0'^2 x_0,$

(2.69.1) $\qquad 2x_0 x_1' + x_0' x_1 = 0,$

(2.69.n)
$$\sum_{\substack{k_1+k_2+l=n \\ k_1,k_2,l \geq 0}} x'_{k_1} x'_{k_2} x_l$$
$$= \frac{1}{2x_0'} \sum_{\substack{k+\mu+l=n-2 \\ k,\mu,l \geq 0}} \frac{(-1)^l}{x_0'^l} \sum_{\substack{\mu_1+\cdots+\mu_l=\mu \\ \mu_1,\cdots,\mu_l \geq 0}} x'''_k x'_{\mu_1+1} \cdots x'_{\mu_l+1}$$
$$- \frac{3}{4x_0'^2} \sum_{\substack{k_1+k_2+\mu+l=n-2 \\ k_1,k_2,\mu,l \geq 0}} \frac{(-1)^l(l+1)}{x_0'^l} \sum_{\substack{\mu_1+\cdots+\mu_l=\mu \\ \mu_1,\cdots,\mu_l \geq 0}} x''_{k_1} x''_{k_2} x'_{\mu_1+1} \cdots x'_{\mu_l+1}.$$

議論の細部に入る前にまず，(2.69.n)が，$\{x_j\}_{j \leq n-1}$ が求まれば x_n に対する1階の微分方程式となること，また(2.69.n)$(n \geq 1)$ はすべて $\tilde{x}=0$ に特異点を持つ線形の微分方程式となることに注目しておこう．この場合には容易にわかることであるが，その特異点は**確定特異点**(regular singular point)であり，このことが($x_0(\tilde{x})$ を決めれば) $x_j(\tilde{x})$ ($j \geq 1$) が逐次一意に決まっていく根拠となる．この事実は，ここで考えている変換が特異摂動論と表裏一体であることを示唆しており，理念的に重要である(なお後述の注意2.22も参照)．

実際，Painlevé 函数の変換を構成するためにその背後にある Schrödinger 方程式の変換を論じる際にも，我々はこのような状況に（技術的にははるかに困難となるが）出会うこととなるのである．

さて，以上の観察の後に，x_j の具体的構成に取りかかろう．まず，(2.69.0) より

$$(2.70) \qquad x_0(\tilde{x}) = \Big(\frac{3}{2}\int_0^{\tilde{x}}\sqrt{Q(\tilde{x})}\,d\tilde{x}\Big)^{2/3}$$

を得る．ここで $|\tilde{x}| \ll 1$ としてよいから，(2.65) より

$$\frac{3}{2}\int_0^{\tilde{x}}\sqrt{Q(\tilde{x})}\,d\tilde{x} = \frac{3}{2}\int_0^{\tilde{x}}\sqrt{\tilde{x}}\Big(1+\frac{1}{2}a_1\tilde{x}+\cdots\Big)d\tilde{x}$$
$$= \tilde{x}^{3/2}\Big(1+\frac{3}{10}a_1\tilde{x}+\cdots\Big)$$

となり，$x_0(\tilde{x})$ は $\tilde{x}=0$ で 1 位の零点を持つ正則函数であり，根号の取り方からくる不確定性を考慮すれば，

$$(2.71) \qquad x_0(\tilde{x}) = c\tilde{x}(1+\cdots), \qquad c^3 = 1$$

という形を持つ．以下では $c=1$ となる $x_0(\tilde{x})$ を考えることにする．

この $x_0(\tilde{x})$ を (2.69.1) に代入すれば

$$(2.72) \qquad 2\tilde{x}(1+\cdots)\frac{dx_1}{d\tilde{x}} + (1+\cdots)x_1 = 0.$$

これは**特性指数**(characteristic exponent) が $(-1/2)$ の確定特異点型の方程式であるから，その正則解として x_1 は恒等的に 0．（本書では，確定特異点型の線形微分方程式の基礎的な性質についてはいちいち文献を参照しないが，例えば高野[37]を参考とされたい．なお，第 3 章第 1 節も確定特異点型の微分方程式に対する感覚を養うのには多少役に立つかと期待している．）

以下，$x_j(\tilde{x})$ ($j \geq 2$) を構成するために，(2.69.n) を次の形に書き直そう．

$$(2.73.n) \qquad x_0'\Big(2x_0\frac{dx_n}{d\tilde{x}} + x_0'x_n\Big) = f_n,$$

ただし

(2.74)
$$f_n = \frac{1}{2x'_0} \sum_{\substack{k+l+\mu_1+\cdots+\mu_l=n-2 \\ k,l,\mu_1,\cdots,\mu_l \geqq 0}} \frac{(-1)^l}{x'^l_0} x'''_k x'_{\mu_1+1} \cdots x'_{\mu_l+1}$$
$$- \frac{3}{4x'^2_0} \sum_{\substack{k_1+k_2+l+\mu_1+\cdots+\mu_l=n-2 \\ k_1,k_2,l,\mu_1,\cdots,\mu_l \geqq 0}} \frac{(-1)^l(l+1)}{x'^l_0} x''_{k_1} x''_{k_2} x'_{\mu_1+1} \cdots x'_{\mu_l+1}$$
$$- \sum_{\substack{k_1+k_2+l=n \\ k_1,k_2,l<n}} x'_{k_1} x'_{k_2} x_l.$$

(2.73.n) は再び特性指数 ($-1/2$) の確定特異点型方程式ゆえ, $\tilde{x}=0$ の近傍で(2.73.n)は一意に正則解を持つ. また, その正則域は f_n/x'_0 の正則域と同じである. したがって, すべての x_j は j に依らない一定の近傍で正則である. さらに, (2.73.n)の正則解は $f_n=0$ ならばもちろん 0 に他ならない. しかるに n が奇数のとき, (2.74)より明らかなように, f_n の各項は x_j (j: 奇数, $j<n$) またはその微分を少なくとも 1 個はその因子として含む. したがって, x_1 が恒等的に 0 であることはすでに確かめてあるので, 帰納法により x_j (j: 奇数)はすべて 0 である.

以上により, 評価(2.50)を除いて定理 2.15 の主張はすべて確かめられた. 評価(2.50)を得るには, 方程式(2.73.n)の正則解に対する評価を f_n に対する評価を用いて与えることが必要となる. (ここで, そのような評価は解 x_n の正則性のお蔭であることを, 言うまでもないことであるが念のため注意しておく.) 今, (2.71)に注意すれば, $\tilde{x}=0$ の近傍で $t=x_0(\tilde{x})$ を新しい座標函数と思っても構わない. しかもこのとき

(2.75) $$\frac{2x_0(\tilde{x})}{x'_0(\tilde{x})} \frac{dx_n(\tilde{x})}{d\tilde{x}} = 2t \frac{dx_n(t)}{dt}$$

が成り立つから, 結局, 問題は

(2.76) $$\left(t\frac{d}{dt}+\frac{1}{2}\right)u(t)=f(t)$$

という簡単な微分方程式の正則解に対する評価の問題に帰着される. 今, (2.76)の右辺 $f(t)$ が $\{t\in\mathbb{C}; |t|<R\}$ で正則であるとして, R より小なる

§2.3 WKB 解の接続公式 — 一般の場合 — 37

$r > 0$ に対し次のような $u(t)$, du/dt に対する評価を得ることができる.

(2.77) $$\sup_{|t|\leqq r}|u(t)| \leqq 2\sup_{|t|\leqq r}|f(t)|,$$

(2.78) $$\sup_{|t|\leqq r}\left|\frac{du}{dt}\right| \leqq \frac{2}{r}\sup_{|t|\leqq r}|f(t)|.$$

(2.77)は

(2.79) $$u(t) = \int_0^1 s^{-1/2} f(st) ds$$

が(2.76)の唯一の正則解であることを用いれば，容易に確かめ得る．(2.78)を示すには，(2.76)と(2.77)より

(2.80) $$\sup_{|t|\leqq r}\left|t\frac{du}{dt}\right| \leqq \sup_{|t|\leqq r}|f(t)| + \frac{1}{2}\sup_{|t|\leqq r}|u(t)|$$
$$\leqq 2\sup_{|t|\leqq r}|f(t)|.$$

したがって，正則函数に対する Schwarz の補題により(2.78)を得る．(ここで Schwarz の補題を用いることは大山陽介氏に示唆を受けた．同氏に感謝する．) このような方程式(2.76)の正則解に対する評価を用いれば，方程式$(2.73.n)$により逐次決定される正則解 x_n が求める評価(2.50)を満たすことは，帰納法によりそれほどの困難なく証明できる(詳しい計算については [1, p.25〜27]を参照されたい). 以上により定理 2.15 の証明は完結した． ∎

さて，一見したところ，定理 2.15 あるいは系 2.18 の意味合いはあいまいで，とても接続公式の導出に使えるものではあるまい，との印象を読者は持たれるかもしれない．ところが，以下に見るように，Borel 変換によりこれらの形式的な関係は解析的に深い意味を持つものに変わるのである．実際，Borel 和及び Borel 変換論と WKB 解析の相性は極めて良く，Borel 変換論に支えられない(「古典的」)WKB 解析が数学的に極めていかがわしい代物と思われていたのもむべなるかな，と思われる．閑話休題，系 2.18 を用いて次の定理を証明することに取りかかろう．本節のまとめも兼ねて，もう一度問題設定を繰り返しておこう．

次の Schrödinger 方程式

(2.81) $$\left(-\frac{d^2}{d\tilde{x}^2}+\eta^2 Q(\tilde{x})\right)\tilde{\psi}(\tilde{x},\eta)=0$$

において，$Q(\tilde{x})$ は $\tilde{x}=0$ の近傍で正則，かつ $\tilde{x}=0$ は $Q(\tilde{x})$ の単純零点(すなわち，$\tilde{x}=0$ は方程式(2.81)の単純変わり点)と仮定し，(2.81)の WKB 解 $\tilde{\psi}_{\pm}(\tilde{x},\eta)$ としては次のように正規化されたものを考える．（ここで，変数，函数等に $\sim$ を付けたのは，Schrödinger 方程式の変換論での記号に合わせたもの；「変換」と言っても Borel 変換の意ではない．念のため．）

(2.82) $$\tilde{\psi}_{\pm}(\tilde{x},\eta)=\frac{1}{\sqrt{\tilde{S}_{\mathrm{odd}}}}\exp\left(\pm\int_0^{\tilde{x}}\tilde{S}_{\mathrm{odd}}(\tilde{x},\eta)d\tilde{x}\right).$$

また，$\tilde{\psi}_{\pm}(\tilde{x},\eta)$ の Borel 変換を $\tilde{\psi}_{\pm,B}(\tilde{x},y)$ と記すこととし，さらに

(2.83) $$s(\tilde{x})=\int_0^{\tilde{x}}\sqrt{Q(\tilde{x})}\,d\tilde{x}$$

と定める．このとき，$(\tilde{x},y)=(0,0)$ の十分小さな近傍 $W(\subset\mathbb{C}^2)$ において，$\tilde{\psi}_{\pm,B}(\tilde{x},y)$ の特異点は $y=\pm s(\tilde{x})$ に限られる(複号同順ではない！)(Voros [41, §6, §9])．我々の目標は，$\tilde{\psi}_{+,B}(\tilde{x},y)$ の $y=s(\tilde{x})$ での特異性(あるいは不連続性 $\Delta_{s(\tilde{x})}\tilde{\psi}_{+,B}(\tilde{x},y)$)が $\tilde{\psi}_{-,B}(\tilde{x},y)$ とどう関係するかを，前節の結果(2.45)(あるいは(2.46))を用いて示すことである．その結果が，前節同様，Laplace 積分(2.21)を経由して $\tilde{\psi}_{\pm}$ の Borel 和に対する接続公式を与える(後述の定理 2.23)．なお，以下に現われる $\Delta_{\pm s(\tilde{x})}\tilde{\psi}_{\pm,B}(\tilde{x},y)$ は，各々 $\tilde{\psi}_{\pm,B}$ のカット $\{(\tilde{x},y)\in W;\ \Im y=\Im(\pm s(\tilde{x})),\ \Re y\geq\Re(\pm s(\tilde{x}))\}$(ここは複号同順)に沿っての不連続性を表わすものとする．

定理 2.21 上の状況の下で，(2.81)の WKB 解 $\tilde{\psi}_{\pm}$ の Borel 変換 $\tilde{\psi}_{\pm,B}$ は次の関係式を満たす．

(2.84) $$\Delta_{s(\tilde{x})}\tilde{\psi}_{+,B}(\tilde{x},y)=i\tilde{\psi}_{-,B}(\tilde{x},y),$$

(2.85) $$\Delta_{-s(\tilde{x})}\tilde{\psi}_{-,B}(\tilde{x},y)=i\tilde{\psi}_{+,B}(\tilde{x},y).$$

[証明] 我々は，系 2.18 を用いて，上記の $\tilde{\psi}_{\pm,B}$ に関する関係式を前節の結果，すなわち $Q=x$ の場合の具体的計算，に帰着させて証明する．理

§2.3 WKB 解の接続公式 — 一般の場合 —— 39

論的なポイントは，指数項を持たない $f(x,\eta) = \sum_{j \geq N} f_j(x)\eta^{-j}$ (N: 整数)という形の形式級数による掛け算が，Borel 変換像に対しては**擬微分作用素** (microdifferential operator, 柏原–河合–木村[24, 第 4 章]参照)として作用し，それは Borel 変換像の特異点の位置を変えない，ということである．(この陳述は多少厳密でない；$(\partial/\partial y)^{-1}$ を積分作用素 $\int_{y_0}^{y} dy$ として実現する際の端点 y_0 の影響を考えねばならないからである．本書では擬微分作用素について余りきわどい議論は使わないので，この点には深入りしない．) ここで注意すべきは，(C^ω での)超局所解析学(それが[24]のテーマである)と Borel 変換論との「予定調和」であろう；$\sum_{j \geq N} f_j(x)(\partial/\partial y)^{-j}$ が [24]の意味での擬微分作用素になるための条件が，まさに $\sum_{j \geq N} f_j(x)\eta^{-j}$ が Borel 変換可能であるための条件なのである．

さて，(2.58)の右辺の Borel 変換像を計算したいのであるが，その際難しいのは $\psi_\pm(x(\tilde{x},\eta),\eta)$ の処置である．$((\partial x/\partial \tilde{x})^{-1/2}$ はその Borel 変換像に擬微分作用素として作用するだけだから特別な問題はない．) まず，(形式的に) Taylor 展開の公式を用いて

(2.86)
$$\psi_+(x(\tilde{x},\eta),\eta) = \sum_{n \geq 0} \frac{1}{n!} \left(\sum_{j \geq 1} x_j(\tilde{x})\eta^{-j} \right)^n \left(\frac{\partial^n}{\partial x^n} \psi_+(x,\eta) \right)\bigg|_{x=x_0(\tilde{x})}$$

を得る．ここで，定理 2.15(ii)より $x = x_0$ を $\tilde{x}$ の代わりに座標として取ることができるから，$x_j(\tilde{x}) = \tilde{x}_j(x)$ と記すこととし，(2.86)の右辺の Borel 変換を考えれば，

(2.87)
$$\sum_{n \geq 0} \frac{1}{n!} \left(\sum_{j \geq 1} \tilde{x}_j(x) \left(\frac{\partial}{\partial y} \right)^{-j} \right)^n \frac{\partial^n}{\partial x^n} \psi_{+,B}(x,y)$$

となる．このとき，評価(2.50)より，

(2.88)
$$\sum_{n \geq 0} \frac{1}{n!} \left(\sum_{j \geq 1} \tilde{x}_j(x) \left(\frac{\partial}{\partial y} \right)^{-j} \right)^n \frac{\partial^n}{\partial x^n}$$

は擬微分作用素として well-defined である(例えば青木–吉田[4]参照)．これを再び $\tilde{x}$ を変数とする作用素と見なし，$\tilde{B}(\tilde{x}, \partial/\partial \tilde{x}, \partial/\partial y)$ と記すこととすれ

ば，結局(2.58)の帰結として

(2.89)
$$\tilde{\psi}_{+,B}(\tilde{x},y) = \left(\frac{\partial x(\tilde{x},\partial/\partial y)}{\partial \tilde{x}}\right)^{-1/2} \tilde{B}\left(\tilde{x},\frac{\partial}{\partial \tilde{x}},\frac{\partial}{\partial y}\right)\psi_{+,B}(x_0(\tilde{x}),y).$$

さらに，定理2.15(ii)より $(\partial x/\partial \tilde{x})^{-1/2}$ も well-defined な擬微分作用素であるから，これと $\tilde{B}$ とを結合した作用素を $\tilde{A}(\tilde{x},\partial/\partial \tilde{x},\partial/\partial y)$ と記せば，

(2.90) $$\tilde{\psi}_{+,B}(\tilde{x},y) = \tilde{A}\left(\tilde{x},\frac{\partial}{\partial \tilde{x}},\frac{\partial}{\partial y}\right)\psi_{+,B}(x_0(\tilde{x}),y)$$

を得る．また，(この式の添字の + を − に変えた) $\psi_{-,B}$ に関する同じ形の関係式が成り立つことも，これまでの議論により明らかであろう．ただし，ここで(2.90)の意味について一言注意しておこう；(2.90)の右辺には $\partial/\partial y$ の負ベキ，すなわち積分作用素が含まれているので，その端点の寄与を考慮に入れれば，多価解析函数に対する等式としては次の(2.91)が $\mathbb{C}^2$ の原点 $(0,0)$ の十分小さい近傍上で成立する，というのが正確な陳述である．

(2.91) $$\tilde{\psi}_{\pm,B}(\tilde{x},y) = \tilde{A}\left(\tilde{x},\frac{\partial}{\partial \tilde{x}},\frac{\partial}{\partial y}\right)\psi_{\pm,B}(x_0(\tilde{x}),y) + h_{\pm}(\tilde{x},y)$$

(ただし，$h_{\pm}(\tilde{x},y)$ は考えている点における正則函数).

さて，$\psi_{+,B}(x_0(\tilde{x}),y)$ の $y = \frac{2}{3}(x_0(\tilde{x}))^{3/2}$，すなわち $y = s(\tilde{x})$ ((2.70)及び(2.83)参照)の近傍での特異部分は，(2.45)により $\pm i\psi_{-,B}(x_0(\tilde{x}),y)/2$ に等しい．したがって，$\tilde{\psi}_{+,B}$ のその点での特異部分は $\pm i\tilde{A}\psi_{-,B}/2$ となり，これは $\pm i\tilde{\psi}_{-,B}$ (の半分)にほかならない．よって，不連続性に移れば(2.84)を得る．($\tilde{\psi}_{+,B}$ の特異部分は(y-変数に関して)平方根型ゆえ，不連続性の定義によって係数 2 がかかることに注意.) (2.85)についても議論はまったく同じである．

注意 2.22 上述の議論は，次の 2 つの微分作用素

(2.92) $$L = \frac{\partial^2}{\partial x^2} - x\frac{\partial^2}{\partial y^2},$$

(2.93) $$M = \frac{\partial^2}{\partial \tilde{x}^2} - Q(\tilde{x})\frac{\partial^2}{\partial y^2}$$

を擬微分作用素で変換できるか，という問題と捉えた方が一般論としては自然である．ただし，座標変換 $x = x_0(\tilde{x})$ を行って L, M の主要部の形を揃えても，今の場合，$A^{-1}MA = L$ といった内部自己同型の形の変換はできない．これらについては，例えば青木–吉田[4]を参照されたい．

最後に，WKB 解の一般的な接続公式を，後に使いやすい形にまとめておこう．

定理 2.23（Voros [41]）　方程式(2.1)のすべての変わり点は単純であるとし，さらに

(2.94)　　どの変わり点も互いに Stokes 曲線で結ばれることはない

と仮定する．今，2 つの Stokes 領域 U_1 と U_2 が，ある変わり点 a を始点とする Stokes 曲線 Γ を境界の一部として共有する形で隣接しているとする．このとき，WKB 解

$$(2.95) \qquad \psi_\pm = \frac{1}{\sqrt{S_{\mathrm{odd}}}} \exp\left(\pm \int_a^x S_{\mathrm{odd}} dx \right)$$

の各領域 U_j での Borel 和を $\psi_\pm^j$ ($j = 1, 2$) で表わすならば，$\psi_\pm^1$ は U_2 に解析接続され，そこで $\psi_\pm^2$ と次のいずれかの関係式で結ばれる．

$$(2.96.\mathrm{a}) \qquad \begin{cases} \psi_+^1 = \psi_+^2 \\ \psi_-^1 = \psi_-^2 \pm i \psi_+^2, \end{cases}$$

$$(2.96.\mathrm{b}) \qquad \begin{cases} \psi_+^1 = \psi_+^2 \pm i \psi_-^2 \\ \psi_-^1 = \psi_-^2. \end{cases}$$

ここで，(2.96.a) が起きるのは Γ 上で $\Re \int_a^x \sqrt{Q(x)}\, dx < 0$ のとき，(2.96.b) が起きるのは $\Re \int_a^x \sqrt{Q(x)}\, dx > 0$ のときである．また，$\pm i$ の符号は，Γ の起点である変わり点を中心に見て，U_1 から U_2 への解析接続の道が Γ を反時計回りに横切るときに $+$，時計回りに横切るときに $-$ とする．　　　□

《要約》

2.1 WKB 法とは，Schrödinger 方程式 $(-d^2/dx^2 + \eta^2 Q(x))\psi(x,\eta) = 0$ (η は大きなパラメータ)の形式解(WKB 解)を求める一つの方法である．

2.2 WKB 解は発散級数であるが，Borel 和との相性は良い．

2.3 WKB 解の Borel 和が確定する領域を決定するために，変わり点(定義 2.4)及び Stokes 曲線(定義 2.6)を導入した．

2.4 ある領域で確定した WKB 解の Borel 和を隣接する領域まで解析接続したとき，その隣接領域での WKB 解の Borel 和とどう関係するかを記述するのが「(WKB 解に対する)接続公式」である(定理 2.23)．

2.5 「接続公式」は，(i) WKB 解の変換理論(定理 2.15，系 2.18)，(ii) 変換論での標準型 $(-d^2/dx^2 + \eta^2 x)\psi(x,\eta) = 0$ に対する具体的解析(第 2 節)，を組み合わせて得られる．

2.6 上述の 2.5(ii) は，Borel 変換して考えれば，古典的な超幾何函数に対する接続公式に帰着される．

2.7 また，2.5(i) は，一見形式的だが，Borel 変換すると擬微分作用素で記述される関係となることにより，実は exact な式を与える．

3
WKB 解析の
大域的問題への応用

「理論の概要と展望」でも触れたように，前章で示された WKB 解に対する接続公式は，微分方程式の大域的問題に対して顕著な威力を発揮する．本章では，その一例として，2 階 Fuchs 型方程式のモノドロミー群を WKB 解析の立場から考察する．

第 1 節では，WKB 解析を応用することによりモノドロミー群の具体的計算法が得られることを，ある例を中心にして解説する．この計算法によれば，Fuchs 型方程式のモノドロミー群は，(i) 確定特異点における特性指数，及び (ii) ポテンシャルの平方根が定める Riemann 面上における WKB 解の対数微分(正確にはその奇部分 $S_{\mathrm{odd}}(x,\eta)$)の周回積分(contour integral)，の 2 種の量により記述されるという結論が従う．実際の計算においては，WKB 解に対する接続公式に加えて，変わり点と Stokes 曲線の構造(いわゆる Stokes 幾何学)が重要な役割を演じる．そこで第 2 節で，Stokes 幾何学のグラフ理論的な構造を論じ，簡単な場合にその分類を試みる．

§3.1 Fuchs 型方程式のモノドロミー群

複素領域における線形常微分方程式の場合，その解の大域的挙動は，モノドロミー群(monodromy group)及び不確定特異点のまわりでの Stokes 係数により記述される．特に，すべての特異点が確定特異点であるような方程

式，いわゆる **Fuchs** 型(Fuchsian type)の方程式については，そのモノドロミー群が解の大域的性質をほぼ完全に決定する．本節では，第2章で説明したSchrödinger方程式のWKB解析の大域的問題への応用として，WKB解析を用いた2階Fuchs型方程式

$$(3.1) \quad \left(-\frac{d^2}{dx^2} + \eta^2 Q(x)\right)\psi(x,\eta) = 0$$

のモノドロミー群の具体的計算法を紹介する．

注意3.1 注意2.3で述べたように，未知函数の変換によりいつでも1階項を消去することができるので，(3.1)という Schrödinger 型の方程式に議論を限定しても，一般性は失われない．また，(3.1)が大きなパラメータ η を含んでいるのは，もちろんWKB解析を展開する必要からである．

Fuchs型方程式のモノドロミー群に関する簡単な復習から始めよう(詳しくは例えば高野[37]を参照されたい)．よく知られているように，(3.1)がFuchs型の方程式になるためには，$x=\infty$ が特異点であると仮定すれば，ポテンシャル $Q(x)$ は次の形の有理函数でなければならない．

$$(3.2) \quad Q(x) = \frac{F(x)}{G(x)^2}.$$

ここで，$F(x), G(x)$ は

$(3.3) \quad \deg F = 2g+2, \quad \deg G = g+2 \quad$($g$ は (-1) 以上の整数)

を満たす多項式である．以下，$F(x)$ の零点を $a_0, \cdots, a_{2g+1}$，$G(x)$ の零点を $b_0, \cdots, b_{g+1}$ とし，次の条件を仮定する．

$(3.4) \quad a_j, b_k$ はすべて互いに相異なる．

このとき，$b_{g+2} = \infty$ と約束すれば，$\{b_k\}_{k=0,\cdots,g+2}$ が方程式(3.1)の特異点全体となり，しかも各々はすべて確定特異点である．

注意3.2 条件(3.3)の代わりに

$(3.3)' \quad \deg F = 2g+2, \quad \deg G = g+3 \quad$($g$ は (-1) 以上の整数)

を課せば，$x=\infty$ は特異点とはならず，方程式(3.1)の確定特異点は $G(x)$ の零点に限られる．この形をしたFuchs型方程式についても，以下の議論はまったく同

様に成立する.

今,$P^1(\mathbb{C})\setminus\{b_0,\cdots,b_{g+2}\}$ より基点 x_0 をとり,x_0 のまわりでの方程式(3.1)の基本解系(すなわち,1次独立な解の組)(ψ_1,ψ_2) を1つ選んだとしよう.方程式(3.1)は線形であるので,任意の解は方程式の特異点である $\{b_0,\cdots,b_{g+2}\}$ 以外に特異点を持たない.したがって,x_0 を始点とする $P^1(\mathbb{C})\setminus\{b_0,\cdots,b_{g+2}\}$ 内の勝手な閉曲線 C に沿った (ψ_1,ψ_2) の解析接続を考えることができる.その結果,再び x_0 の近傍における(3.1)の解 $(\tilde{\psi}_1,\tilde{\psi}_2)$ が得られるが,それはもはや元の解 (ψ_1,ψ_2) と一致するとは限らず,一般にはその1次結合となる.(方程式(3.1)の解は各確定特異点 b_k において分岐し,多価解析函数となるからである.)すなわち,各閉曲線 C に対して,

$$(3.5) \qquad (\psi_1,\psi_2) \xrightarrow{C\text{に沿う解析接続}} (\tilde{\psi}_1,\tilde{\psi}_2) = (\psi_1,\psi_2)A_C$$

を満たす 2×2 行列 A_C(モノドロミー行列と呼ばれる)が定まる.容易にわかるように,A_C は正則行列であって C のホモトピー類のみに依る.

定義 3.3 $P^1(\mathbb{C})\setminus\{b_0,\cdots,b_{g+2}\}$ の基本群から 2×2 行列への次の写像

$$(3.6) \qquad \pi_1(P^1(\mathbb{C})\setminus\{b_0,\cdots,b_{g+2}\}) \ni C \longmapsto A_C \in GL(2,\mathbb{C})$$

を,方程式(3.1)のモノドロミー表現(monodromy representation)と呼ぶ.□

注意 3.4 方程式(3.1)は1階項を含まないので,今の場合,モノドロミー表現は $SL(2,\mathbb{C})$ への写像となる.(すなわち,各モノドロミー行列の行列式は1である.)

特に,モノドロミー表現の像(より正確にはその共役類)がモノドロミー群である.

さて,こうして定義されたモノドロミー群(あるいはモノドロミー表現)を具体的に計算することは,どの程度可能であろうか.例えば $g=-1$ のときは,$x=b_0$ を無限遠点以外の唯一の確定特異点とすれば,方程式(3.1)の解はベキ函数 $(x-b_0)^\alpha$(α は $x=b_0$ における特性指数)により与えられるので,モノドロミー群は容易に求められる.また $g=0$ のときも,1次分数変換により確定特異点を $\{0,1,\infty\}$ に移せば,方程式(3.1)は,Gauss の超幾何微分

方程式

(3.7) $$\left(\frac{d^2}{dx^2} + \frac{\gamma-(\alpha+\beta+1)x}{x(1-x)}\frac{d}{dx} - \frac{\alpha\beta}{x(1-x)}\right)\varphi = 0$$

に,注意2.3で述べた未知函数の変換(2.13)を施して得られる方程式に他ならない.(方程式(3.7)の含むパラメータ (α,β,γ) を,

$$4\eta^2 x^2(x-1)^2 Q(x)$$
$$= ((\alpha-\beta)^2-1)x^2 + (4\alpha\beta-2(\alpha+\beta-1)\gamma)x + (\gamma^2-2\gamma)$$

を満たすように選んでおけばよい.)超幾何微分方程式のモノドロミー群は古典的によく知られているので(例えば高野[37,§12]参照),この場合もモノドロミー群は計算可能であり,実際それは3つの確定特異点における特性指数により表わされる.ところが,$g \geq 1$ のときは状況が一変する.今の場合,$\pi_1(P^1(\mathbb{C})\setminus\{b_0,\cdots,b_{g+2}\})$ は $(g+2)$ 個の元で生成され,各生成元を与える閉曲線(例えば基点 x_0 から b_k ($k=0,\cdots,g+1$)のまわりを一度だけ回って x_0 に戻ってくる閉曲線 C_k を取ればよい)に沿うモノドロミー行列は $SL(2,\mathbb{C})$ の元であるから,モノドロミー群を(共役類を除いて)完全に決定するのに必要な data の数は(x_0 での基本解系の取り方の自由度3を引いて) $3(g+2)-3 = (3g+3)$ 個であるが,それに対して,その一部をなす各確定特異点 b_k における特性指数(実際,上述の閉曲線 C_k に対するモノドロミー行列の固有値が特性指数である)の独立なものの個数は $(g+3)$ 個でしかない.(方程式(3.1)は1階項を含まないゆえ,各 b_k において独立に与えうる特性指数は1個であることに注意.)したがって,モノドロミー群を決定するには特性指数以外に $(3g+3)-(g+3) = 2g$ 個の大域的に決定されるべき新たな data が必要であり,この新たに必要な大域的 data の存在が,$g \geq 1$ の場合にモノドロミー群の計算を著しく困難なものにしているのである.

本節の目標は,WKB解析を用いて方程式(3.1)のモノドロミー群を具体的に計算することである.もちろん,それが可能となるためには,上で述べた困難点が克服されねばならない.それに対する解答を,具体的記述法を論じるに先立ち,まず述べよう.WKB解析を用いたモノドロミー群の具体的計算法によれば,次が成立する.

定理 3.5 条件(3.4)及び(後述の)(3.8),(3.12)の仮定の下で，Fuchs 型方程式(3.1)のモノドロミー群は次の2種類の量により記述される．

（ⅰ） 各確定特異点 b_k における特性指数．

（ⅱ） $\sqrt{Q(x)}$ の Riemann 面上における $S_{\mathrm{odd}}(x,\eta)$ の周回積分．

ここで $S_{\mathrm{odd}}(x,\eta)$ は，(3.1)に付随する Riccati 方程式の解 $S(x,\eta)$ の奇部分である（第2章注意2.2参照）． □

今の場合，$Q(x)$ は(3.2)という形をしているので，仮定(3.4)の下では，$\sqrt{Q(x)}$ の Riemann 面は $F(x)$ の零点 $\{a_j\}_{j=0,\cdots,2g+1}$ においてのみ分岐し，ゆえにその種数は g である．したがって，定理3.5(ⅱ)にいう周回積分は独立なものがちょうど $2g$ 個存在し，それがまさしく上で我々の求めていた $2g$ 個の大域的 data を与えるのである．ここで，通常の微分方程式論の立場から言えば単なる正則点に過ぎない $F(x)$ の零点 a_j が，WKB 解析というフィルターを通すことにより「変わり点」として新たな役割を獲得し，$\sqrt{Q(x)}$ の Riemann 面という形で方程式(3.1)のモノドロミー構造にも深く関与している点を特に強調しておきたい．

以下，WKB 解析を用いればいかに(3.1)のモノドロミー群が計算できるのか，換言すれば $S_{\mathrm{odd}}(x,\eta)$ の周回積分がどのようにモノドロミー群に関わってくるのか，を具体的に見ていくことにしよう．

前章で述べた WKB 解の基本的性質（命題2.12）及び接続公式（定理2.23）は，Fuchs 型方程式の場合にも基本的にそのままの形で成立する（詳しくは[2, §3.4]参照）．そこで，解の大域的性質，特にモノドロミー群を調べるにあたっても，まず Stokes 曲線の図を知ることが重要となる．各 Stokes 曲線は変わり点 a_j から出て確定特異点あるいは変わり点に流れ込む（補題2.9）わけであるが，接続公式（定理2.23）を利用するために，Stokes 曲線の形状に関して次の仮定を置く．

(3.8)　　どの変わり点 $\{a_j\}_{j=0,\cdots,2g+1}$ も，他の変わり点あるいは自分自身と Stokes 曲線で結ばれることはない．

この仮定(3.8)は，WKB 解の Borel 変換のある種の特異点が，Borel 和を定義する Laplace 積分(2.21)の積分路にぶつからないということを意味してい

る(いわゆる「動かない特異点」,なお「今後の方向と課題」も参照).

さて,例えば計算機などを用いて Stokes 曲線の図が描けたとしよう.モノドロミー群を計算するために,次に適当に基点 x_0 を(変わり点や Stokes 曲線上を避けて)選ぶ.そして,x_0 における基本解系として,我々は WKB 解

$$(3.9) \qquad \psi_\pm = \frac{1}{\sqrt{S_{\mathrm{odd}}}} \exp\left(\pm \int_{x_0}^{x} S_{\mathrm{odd}} dx\right)$$

を採用する.WKB 解(3.9)は積分を用いて定義されているから,実際には積分路を指定する必要があることに注意されたい.WKB 解が積分路の選び方の任意性を持つというのはこの解析の特徴的な点であり,WKB 解の Borel 変換の基本的性質(したがって前述の仮定(3.8)や,ひいては目標の定理 3.5 それ自身)とも密接に関連しているが,特に Fuchs 型方程式の場合には $x = \infty$ 以外にもいくつかの確定特異点が存在し,とりわけこの積分路の選び方が重要な鍵を握っている.この点に関連して,ここで,第 2 章では触れなかった WKB 解の確定特異点における性質について説明しておこう.各確定特異点 b_k における特性指数に関わる量として,$c_k, \nu_k^\pm$ を

$$(3.10) \qquad \begin{cases} c_k = \operatorname*{Res}_{x=b_k} \sqrt{Q(x)} & (k=0,\cdots,g+1) \\ c_{g+2}(=c_\infty) = \operatorname*{Res}_{w=0}\left(-\dfrac{\sqrt{Q(1/w)}}{w}\right) & \end{cases}$$

及び

$$(3.11) \qquad \nu_k^\pm = \exp i\pi\left(1 \pm \sqrt{4c_k^2\eta^2+1}\right) \qquad (k=0,\cdots,g+2)$$

と定義する.$(1\pm\sqrt{4c_k^2\eta^2+1})/2$ が b_k における(3.1)の特性指数である.以下では(3.4), (3.8)に加えて

$$(3.12) \qquad \Re c_k \neq 0 \qquad (k=0,\cdots,g+2)$$

を仮定する(この仮定も,(3.8)同様,WKB 解の Borel 変換の「動かない特異点」と関係している.また,後述するように,接続公式の適用の仕方を決定するのにも必要となる).以上の記号の準備の下に,WKB 解の対数微分の奇部分 $S_{\mathrm{odd}}(x,\eta)$ の $x=b_k$ における挙動に関して,次が成り立つ.

命題 3.6 (3.4)を仮定するとき,$S_{\mathrm{odd}}(x,\eta)$ は各確定特異点 b_k において 1

位の極を持ち，そこでの留数は

$$(3.13) \qquad \operatorname*{Res}_{x=b_k} S_{\mathrm{odd}}(x,\eta) = c_k\eta\sqrt{1+\frac{1}{4c_k^2\eta^2}}$$

で与えられる．

［証明］ Riccati 方程式から得られる漸化式(2.5),(2.6)を用いれば，各 $S_j(x)$ が $x=b_k$ において高々1位の極を持つことは見易い．(帰納法により証明も容易である．) そこで，$S_j(x)$ の $x=b_k$ における Laurent 展開を

$$(3.14) \qquad S_j(x) = \sum_{\alpha \geqq -1} f_{j,\alpha}(x-b_k)^\alpha$$

としよう．このとき，$S(x,\eta)$ は

$$(3.15) \qquad S(x,\eta) = \sum_{\alpha,j \geqq -1} f_{j,\alpha}(x-b_k)^\alpha \eta^{-j}$$

と表わすことができる．これが Riccati 方程式(2.3)の形式解であるから，(3.15)を(2.3)に代入し $(x-b_k)^{-2}$ の係数を比較すれば，

$$-\left(\sum_{j \geqq -1} f_{j,-1}\eta^{-j}\right)^2 + \sum_{j \geqq -1} f_{j,-1}\eta^{-j} + c_k^2\eta^2 = 0.$$

したがって

$$(3.16) \qquad \sum_{j \geqq -1} f_{j,-1}\eta^{-j} = \frac{1}{2} \pm \sqrt{c_k^2\eta^2 + \frac{1}{4}}.$$

特に，(3.16)の両辺の(η に関する)奇数次の項を比べれば(3.13)を得る．また，η について1次の項に注意すれば，(3.13)は分枝の選び方までこめて成立していることもわかる．確定特異点 $x=\infty$ においても同様に考えればよい． ∎

この命題 3.6 により，Fuchs 型方程式の場合，WKB 解(3.9)を指定するためには，その定義に現われる積分路と確定特異点 $\{b_k\}_{k=0,\cdots,g+2}$ との間の位置関係を明らかにしておかねばならない．すなわち，各確定特異点における留数が(形式的なレベルですでに) WKB 解(3.9)の決定に関与しているわけであり，この意味において Fuchs 型方程式の WKB 解析にはいわゆる留数解析

的な側面が現われてくる．実際，以下に見るように，接続公式と留数解析をいわば組み合わせることによって，方程式(3.1)のモノドロミー群を計算することが可能になるのである．

いよいよ(3.1)のモノドロミー群の具体的計算に取り掛かろう．本書では，わかりやすさを主眼として，[2]でも取り上げた次の例3.7を用いてモノドロミー群の計算法をより具体的に解説することとする．以下の説明から一般の場合の計算法を類推することも容易であろうと期待するが，[2, §3]には一般の場合を計算する処方箋が与えられているので，興味のある読者はそちらも参照されたい．

例 3.7 次の Fuchs 型方程式を考える．

$$(3.17) \quad \left(-\frac{d^2}{dx^2} + \eta^2 Q(x)\right)\psi = 0, \qquad Q(x) = \frac{(x^2-9)(x^2-1/9)}{(x^3-\exp(i\pi/8))^2}.$$

(ポテンシャル $Q(x)$ の分母に現われた $\exp(i\pi/8)$ という(やや人為的に見える)数は，仮定(3.8)及び(3.12)を満たすためのものである．一般にポテンシャルが実係数の場合，対称性が高いためにこれらの仮定が満たされない場合が多い．) 変わり点及び確定特異点の番号付けを次のように定める．

$$\begin{cases} a_0 = -3, \ a_1 = -1/3, \ a_2 = 1/3, \ a_3 = 3, \\ b_0 = \exp(33i\pi/24), \ b_1 = \exp(i\pi/24), \ b_2 = \exp(17i\pi/24), \ b_3 = \infty. \end{cases}$$

方程式(3.17)は $g=1$ の場合の例である．この方程式の Stokes 曲線を図3.1 に示した．

今，基点 x_0 を図3.2 に示した位置に選び，x_0 における基本解系として

図 3.1 方程式(3.17)の Stokes 曲線(△ は変わり点，⊙ は確定特異点を表わす)．

WKB 解 (3.9) を採用する．（図 3.2 では Stokes 曲線は細い実線で表わされている．なお，モノドロミー群の計算に際しては Stokes 曲線の位相幾何学的な形状のみが問題となるので，図を見易くするために，本来の Stokes 曲線（図 3.1）を連続的に変形したものが図 3.2 では描かれている．）ただし，$S_{-1}(x) = \sqrt{Q(x)}$ の分枝は，カットを図 3.2 の波線のように定めた上で，$\sqrt{Q(x)} \sim 1/x (|x| \to \infty)$ を満たすように選ばれているものとする．このとき，

(3.18) $\qquad \Re c_0 < 0, \quad \Re c_1 > 0, \quad \Re c_2 > 0, \quad \Re c_3 < 0$

が成り立つことに注意されたい．

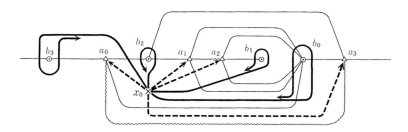

図 3.2 方程式 (3.17) の Stokes 曲線（細い実線）と，x_0 を基点とし各確定特異点を一周する閉曲線（太い実線）．（波線はカット，太い破線は x_0 と a_j を結ぶ曲線 γ_j を表わす．）

ここで，後で必要となる重要な記号を導入しておこう．基点 x_0 を始点とし各変わり点 a_j を終点とする向き付けられた曲線 γ_j をとり（図 3.2 の太い破線），u_j, $u_{jj'}$ を次式で定義する．

(3.19) $\qquad u_j = \exp\left(2 \int_{\gamma_j} S_{\mathrm{odd}}(x, \eta) dx \right),$

(3.20) $\qquad u_{jj'} = u_j^{-1} u_{j'}.$

例えば u_{12} は，図 3.3 に示した変わり点 a_1 と a_2 を結ぶカットのまわりを一周する閉曲線 γ_{12} に沿う周回積分 $\exp\left(\int_{\gamma_{12}} S_{\mathrm{odd}} dx \right)$ である．一般に，$u_{jj'}$（の対数）は，$\sqrt{Q(x)}$ の Riemann 面上における $S_{\mathrm{odd}}(x, \eta)$ の周回積分となる．

さて，図 3.2 に太い実線で表わされているような，基点 x_0 から各確定特

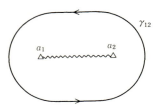

図 3.3 a_1 と a_2 を結ぶカットのまわりを一周する閉曲線 γ_{12}.

異点 b_k のまわりを一度だけ回って x_0 に戻ってくる閉曲線 C_k ($k=0,1,2,3$) を取れば，$P^1(\mathbb{C})\setminus\{b_0,\cdots,b_3\}$ の基本群は $\{C_k\}_{k=0,1,2,3}$ により生成される（実際には C_3 は不要であるが）ので，モノドロミー群を決定するためには各 C_k に沿うモノドロミー行列 A_{C_k}（しばしば A_k と略記する）が計算できればよい．以下では（そのうち最も簡単な）A_2 を具体的に計算してみよう．

閉曲線 C_2 は 3 本の Stokes 曲線 $\varGamma_0, \varGamma_1, \varGamma_2$ とそれぞれ交点 t_0, t_1, t_2 で交わり，3 つの Stokes 領域 U_l ($l=0,1,2$) を $U_0 \to U_1 \to U_2 \to U_0$ の順に通過していく（図 3.4 参照）．この C_2 に沿って，(3.9) で与えられる WKB 解（正確にはその Borel 和）$\psi_\pm$ の解析接続を追跡していくことが問題である．今の場合，

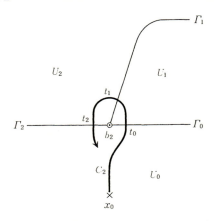

図 3.4 閉曲線 C_2 と Stokes 曲線の交わり.

§3.1 Fuchs 型方程式のモノドロミー群——53

基点 x_0 を出発した $\psi_\pm$ は，まず最初の交点 t_0 で新たな Stokes 領域 U_1 へと入る際に，接続公式(定理 2.23)により記述される変換(すなわち，WKB 解を基底としたときの解の表示の変更)を受ける．具体的には，(3.18)により t_0 で交わる Stokes 曲線 Γ_0 の終点 b_2 においては $\Re c_2 > 0$ であるから，Γ_0 上 $\Re \int_{a_1}^{x} \sqrt{Q(x)}\,dx < 0$ が成立し，したがって t_0 においては特に(2.96.a)の接続公式が適用される．ただし，(2.96.a)は，Γ_0 の始点 a_1 を積分端点とし Γ_0 に沿って t_0 の近くまで積分した WKB 解

$$(3.21) \qquad \varphi_\pm = \frac{1}{\sqrt{S_{\mathrm{odd}}}} \exp\left(\pm \int_{a_1}^{x} S_{\mathrm{odd}} dx\right)$$

が満たす関係式であることに注意しなければならない．これら 2 つの WKB 解 $\psi_\pm$ と $\varphi_\pm$ は

$$(3.22) \qquad \psi_\pm = \exp\left(\pm \int_{x_0}^{a_1} S_{\mathrm{odd}} dx\right) \varphi_\pm$$

(右辺に現われる積分は，x_0 から C_2 に沿って t_0 まで行き，次に t_0 から Γ_0 に沿って a_1 まで行く曲線に沿って行う)という式で結ばれており，その乗数因子 $\exp\left(\pm \int_{x_0}^{a_1} S_{\mathrm{odd}} dx\right)$ は x には依らない定数ゆえ，(2.96.a)と(3.22)を組み合わせることにより，(t_0 における) $\psi_\pm$ に対する接続公式としては

$$(3.23) \qquad \begin{cases} \psi_+^0 = \psi_+^1 \\ \psi_-^0 = \psi_-^1 - i \exp\left(-2 \int_{x_0}^{a_1} S_{\mathrm{odd}} dx\right) \psi_+^1 \end{cases}$$

を得る(a_1 から見て，解析接続の道 C_2 は Stokes 曲線 Γ_0 を時計回りに横切っていることに注意)．ここで $\psi_\pm^j$ は Stokes 領域 U_j における $\psi_\pm$ の Borel 和である($j = 0, 1, 2$)．上で述べたように，t_0 における接続公式(3.23)の右辺の定数因子が含む積分は，x_0 から C_2, t_0, Γ_0 を経由して a_1 まで行く曲線に沿うものであり，したがってその積分路は先に導入した x_0 と a_1 を結ぶ曲線 γ_1 に他ならない(より厳密にはホモトピー同値，図 3.5 参照)．こうして，$\psi_\pm = \psi_\pm^0$ を t_0 を越えて U_1 まで解析接続したときの結果を表わす式として

$$(3.24) \qquad (\psi_+^0, \psi_-^0) \implies (\psi_+^1, \psi_-^1) T_0, \quad T_0 = \begin{pmatrix} 1 & -iu_1^{-1} \\ 0 & 1 \end{pmatrix}$$

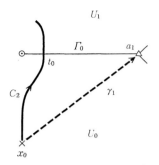

図 3.5 t_0 における接続公式(3.23)の定数因子の積分路と曲線 γ_1.

が得られた($\Longrightarrow$ は解析接続の意. 以下でも同様).

次に，2 番目の交点 t_1 で再び接続公式により記述される変換を $\psi_\pm = \psi_\pm^0$ は受ける．先に示した(3.24)により，t_1 では $\psi_\pm^1$ の解析接続を考えれば十分なので，基本的には t_0 の場合と同様に議論すればよい．ただ，状況は t_0 のときと比べると少々複雑である．すなわち，定理 2.23 を適用することにより得られる接続公式

$$(3.25) \quad \begin{cases} \psi_+^1 = \psi_+^2 \\ \psi_-^1 = \psi_-^2 - i \exp\left(-2\int_{x_0}^{a_3} S_{\mathrm{odd}} dx\right) \psi_+^2 \end{cases}$$

において，右辺の定数因子の積分路は(x_0 から C_2, t_1, Γ_1 を経由して a_3 まで行く曲線ゆえ) x_0 と当該の変わり点 a_3 を結ぶ曲線 γ_3 とは異なる．実際，問題の積分路と γ_3 とで囲まれた部分に a_1 と a_2 を結ぶカット及び 2 つの確定特異点 b_0, b_1 が含まれている(図 3.6).

したがって，この場合は

$$\exp\left(-2\int_{x_0}^{a_3} S_{\mathrm{odd}} dx\right) = u_3^{-1} u_{12}^2 \frac{\nu_0^+ \nu_1^+}{\nu_0^- \nu_1^-}$$

(命題 3.6 及び(3.20)に注意)が成立し，t_1 における解析接続の式としては次が得られる．

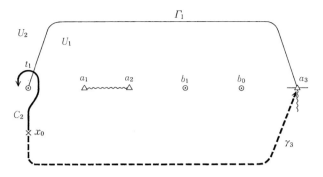

図 3.6 t_1 における接続公式(3.25)の定数因子の積分路と曲線 γ_3.

$$(3.26) \quad (\psi_+^1, \psi_-^1) \implies (\psi_+^2, \psi_-^2)T_1, \quad T_1 = \begin{pmatrix} 1 & -iu_3^{-1}u_{12}^2 \dfrac{\nu_0^+ \nu_1^+}{\nu_0^- \nu_1^-} \\ 0 & 1 \end{pmatrix}.$$

同様にして, t_2 においては

$$(3.27) \quad (\psi_+^2, \psi_-^2) \implies (\psi_+^3, \psi_-^3)T_2, \quad T_2 = \begin{pmatrix} 1 & -iu_0^{-1} \dfrac{\nu_2^-}{\nu_2^+} \\ 0 & 1 \end{pmatrix}.$$

(3.24), (3.26), (3.27) を合わせれば,

$$(3.28) \quad (\psi_+^0, \psi_-^0) \implies (\psi_+^3, \psi_-^3)T_2 T_1 T_0.$$

この(3.28)の右辺が (ψ_+^0, ψ_-^0) を閉曲線 C_2 に沿って解析接続した結果を表わしている. そこに現われる $\psi_\pm^3$ は問題の WKB 解の最初の Stokes 領域 U_0 における Borel 和であるが, ここまでの議論から明らかなように, それは元の WKB 解 $\psi_\pm = \psi_\pm^0$ とは積分路が異なり, x_0 から C_2 に沿って Stokes 領域 U_0 内の点 x まで積分したもの(の Borel 和)である. したがって, 命題 3.6 に注意すれば,

$$(3.29) \quad (\psi_+^3, \psi_-^3) = (\psi_+^0, \psi_-^0)D_{C_2}, \quad D_{C_2} = \begin{pmatrix} \nu_2^+ & 0 \\ 0 & \nu_2^- \end{pmatrix}.$$

よって

(3.30) $$(\psi_+^0, \psi_-^0) \implies (\psi_+^0, \psi_-^0) D_{C_2} T_2 T_1 T_0.$$

すなわち，モノドロミー行列 A_2 の具体的表示

(3.31)
$$\begin{aligned}A_2 &= D_{C_2} T_2 T_1 T_0 \\ &= \begin{pmatrix} \nu_2^+ & 0 \\ 0 & \nu_2^- \end{pmatrix} \begin{pmatrix} 1 & -iu_0^{-1}\dfrac{\nu_2^-}{\nu_2^+} \\ 0 & 1 \end{pmatrix} \begin{pmatrix} 1 & -iu_3^{-1} u_{12}^2 \dfrac{\nu_0^+ \nu_1^+}{\nu_0^- \nu_1^-} \\ 0 & 1 \end{pmatrix} \begin{pmatrix} 1 & -iu_1^{-1} \\ 0 & 1 \end{pmatrix} \\ &= \begin{pmatrix} \nu_2^+ & -i\left(u_0^{-1}\nu_2^- + u_3^{-1} u_{12}^2 \dfrac{\nu_0^+ \nu_1^+ \nu_2^+}{\nu_0^- \nu_1^-} + u_1^{-1}\nu_2^+\right) \\ 0 & \nu_2^- \end{pmatrix}\end{aligned}$$

が得られた．

他の A_k についても同様な具体的計算が可能であることは明らかであろう．（図 3.2 を見ながら接続公式を繰り返し適用すればよい．）計算は省略して結果のみ記しておこう．

(3.32)
$$\begin{aligned}A_0 &= \begin{pmatrix} \nu_0^+ & 0 \\ 0 & \nu_0^- \end{pmatrix} \begin{pmatrix} 1 & 0 \\ -iu_1 \dfrac{\nu_0^+}{\nu_0^-} & 1 \end{pmatrix} \begin{pmatrix} 1 & 0 \\ -iu_2 \dfrac{\nu_0^+}{\nu_0^-} & 1 \end{pmatrix} \begin{pmatrix} 1 & 0 \\ -iu_2 \dfrac{\nu_0^+ \nu_1^+}{\nu_0^- \nu_1^-} & 1 \end{pmatrix} \\ &\quad\times \begin{pmatrix} 1 & 0 \\ -iu_1 u_{12}^2 \dfrac{\nu_0^+ \nu_1^+}{\nu_0^- \nu_1^-} & 1 \end{pmatrix} \begin{pmatrix} 1 & 0 \\ -iu_3 & 1 \end{pmatrix} \begin{pmatrix} 1 & 0 \\ -iu_0 & 1 \end{pmatrix} \\ &= \begin{pmatrix} \nu_0^+ & 0 \\ -i(u_1 \nu_0^+ + u_2 \nu_0^+ + u_2 \mu^{(0)} + u_1 u_{12}^2 \mu^{(0)} + u_3 \nu_0^- + u_0 \nu_0^-) & \nu_0^- \end{pmatrix},\end{aligned}$$

(3.33) $$\begin{aligned}A_1 &= \begin{pmatrix} \nu_1^+ & 0 \\ 0 & \nu_1^- \end{pmatrix} \begin{pmatrix} 1 & 0 \\ -iu_1 \dfrac{\nu_1^+}{\nu_1^-} & 1 \end{pmatrix} \begin{pmatrix} 1 & 0 \\ -iu_2 \dfrac{\nu_1^+}{\nu_1^-} & 1 \end{pmatrix} \\ &\quad\times \begin{pmatrix} 1 & -iu_2^{-1}\dfrac{\nu_1^-}{\nu_1^+} \\ 0 & 1 \end{pmatrix} \begin{pmatrix} 1 & 0 \\ iu_2 & 1 \end{pmatrix} \begin{pmatrix} 1 & 0 \\ iu_1 & 1 \end{pmatrix}\end{aligned}$$

§3.1 Fuchs 型方程式のモノドロミー群 —— 57

$$= \begin{pmatrix} \nu_1^+ + \nu_1^- + u_{21}\nu_1^- & -iu_2^{-1}\nu_1^- \\ -i(u_1\nu_1^+ + u_2\nu_1^+ + u_1\nu_1^- + u_1u_{21}\nu_1^-) & -u_{21}\nu_1^- \end{pmatrix},$$

(3.34) $\quad A_3 = \begin{pmatrix} \nu_3^+ & 0 \\ 0 & \nu_3^- \end{pmatrix} \begin{pmatrix} 1 & -iu_0^{-1}\dfrac{\nu_3^-}{\nu_3^+} \\ 0 & 1 \end{pmatrix} \begin{pmatrix} 1 & 0 \\ -iu_0\dfrac{\nu_3^+}{\nu_3^-} & 1 \end{pmatrix}$

$$\times \begin{pmatrix} 1 & 0 \\ -iu_3u_{21}^2 \dfrac{\nu_0^- \nu_1^- \nu_2^-}{\nu_0^+ \nu_1^+ \nu_2^+} & 1 \end{pmatrix} \begin{pmatrix} 1 & iu_0^{-1} \\ 0 & 1 \end{pmatrix}$$

$$= \begin{pmatrix} -u_{03}u_{21}^2\mu^{(3)} & -i(u_0^{-1}\nu_3^- + u_0^{-1}u_{03}u_{21}^2\mu^{(3)}) \\ -i(u_0\nu_3^+ + u_3u_{21}^2\mu^{(3)}) & \nu_3^+ + \nu_3^- + u_{03}u_{21}^2\mu^{(3)} \end{pmatrix}.$$

(ただし,(3.32)で $\mu^{(0)} = (\nu_0^+ \nu_1^+)/\nu_1^-$,(3.34)で $\mu^{(3)} = (\nu_0^- \nu_1^- \nu_2^- \nu_3^-)/(\nu_0^+ \nu_1^+ \nu_2^+)$ と置いた.)

以上がモノドロミー行列 A_k の計算である.しかし,(3.31)〜(3.34)を見ればわかる通り,各モノドロミー行列 A_k は,対角成分が $\{\nu_k^\pm\}$ と $\{u_{jj'}\}$ のみで表わされているのに対して,右上の非対角成分には $\{u_j^{-1}\}$ が,左下の非対角成分には $\{u_j\}$ がそれぞれ(1次因子として)含まれており,定理 3.5 でいう形にはなっていない.そこで,次のような x_0 における基本解系の取り替えを行う.

(3.35) $\qquad \tilde{\psi}_\pm = \exp\left(\mp \int_{\gamma_j} S_{\mathrm{odd}} dx\right) \psi_\pm.$

(ただし,j は然るべく選ぶものとする.)ある意味でこれは基点 x_0 として変わり点 a_j を選んだことに相当している.このとき,

$$D = \begin{pmatrix} \exp\left(\int_{\gamma_j} S_{\mathrm{odd}} dx\right) & 0 \\ 0 & \exp\left(-\int_{\gamma_j} S_{\mathrm{odd}} dx\right) \end{pmatrix}$$

と置けば,各モノドロミー行列 A_k は

(3.36) $\qquad A_k = \begin{pmatrix} a & b \\ c & d \end{pmatrix}$

$$\longmapsto \tilde{A}_k = DA_kD^{-1} = \begin{pmatrix} a & u_jb \\ u_j^{-1}c & d \end{pmatrix}$$

という変換を受け，したがって $\tilde{A}_k$ の各成分はいずれも特性指数 $\{\nu_k^\pm\}$ と周回積分 $\{u_{jj'}\}$ のみによって表わされることになる．実際，今の場合 j として 0 を選べば，$\tilde{A}_k$ は次の表示を持つ．

$$(3.37) \quad \tilde{A}_0 = \begin{pmatrix} \nu_0^+ & 0 \\ -i\{\beta(1+\alpha)(\alpha\nu_1^+ + \nu_1^-)\nu_0^+\nu_1^+ + \nu_0^- + \alpha\nu_1^+\nu_2^+\nu_3^+\} & \nu_0^- \end{pmatrix},$$

$$(3.38) \quad \tilde{A}_1 = \begin{pmatrix} \nu_1^+ + \nu_1^- + \alpha^{-1}\nu_1^- & -i\alpha-1\beta^{-1}\nu_1^- \\ -i\alpha^{-1}\beta(1+\alpha)(\alpha\nu_1^+ + \nu_1^-) & -\alpha^{-1}\nu_1^- \end{pmatrix},$$

$$(3.39) \quad \tilde{A}_2 = \begin{pmatrix} \nu_2^+ & -i(\nu_2^- + \beta^{-1}\nu_2^+ + \alpha\nu_0^+\nu_1^+\nu_3^-) \\ 0 & \nu_2^- \end{pmatrix},$$

$$(3.40) \quad \tilde{A}_3 = \begin{pmatrix} -\alpha^{-1}\nu_0^-\nu_1^-\nu_2^- & -i(\nu_3^- + \alpha^{-1}\nu_0^-\nu_1^-\nu_2^-) \\ -i(\nu_3^+ + \alpha^{-1}\nu_0^-\nu_1^-\nu_2^-) & \nu_3^+ + \nu_3^- + \alpha^{-1}\nu_0^-\nu_1^-\nu_2^- \end{pmatrix}.$$

ただし，$\alpha = u_{12}$, $\beta = u_{01}$（これらは $\sqrt{Q(x)}$ の Riemann 面上の独立な閉曲線に対応する周回積分である）と置き，さらに基本的な関係式

$$(3.41) \quad \nu_k^+\nu_k^- = 1 \ (k=0,1,2,3) \quad 及び \quad u_{12}u_{30}\nu_0^+\nu_1^+\nu_2^+\nu_3^+ = 1$$

を用いた．（命題 3.6 より，$\nu_k^\pm$ も $S_{\mathrm{odd}}(x,\eta)$（より正確には $S(x,\eta)$）の周回積分として理解できることに注意．(3.41) の第 2 式は周回積分の間に成り立つ関係式である．）パラメータ α, β の値を求めることは（Borel 和であるがゆえ）難しいけれども，こうして WKB 解析を応用することによって，確定特異点における特性指数 $\{\nu_k^\pm\}$ と $\sqrt{Q(x)}$ の Riemann 面上における $S_{\mathrm{odd}}(x,\eta)$ の周回積分 $\{u_{jj'}\}$ によるモノドロミー群（モノドロミー行列）の具体的表示が得られたわけである． □

§3.2 Stokes グラフの分類について

前節では，WKB 解析を用いた 2 階 Fuchs 型方程式のモノドロミー群の具体的計算法について解説した．そこでの議論から明らかなように，実際のモノドロミー群の計算においては，変わり点と Stokes 曲線の位相幾何学的な

§3.2 Stokes グラフの分類について ―― 59

構造が重要な役割を演じている. そこで本節では, こうした **Stokes 幾何学**(Stokes geometry)のグラフ理論的な構造を論じ, 佐藤幹夫先生により証明されたそのいくつかの著しい性質を紹介する. (未発表の結果をこのような形でここに収録することをご快諾頂いた佐藤先生に, 心から感謝致します.)

まず, Fuchs 型方程式(3.1)の **Stokes グラフ**(Stokes graph, $\mathcal{S}$ で表わす)の定義から始めよう. $\mathcal{S}$ の頂点は(3.1)の変わり点 $\{a_j\}$ 及び確定特異点 $\{b_k\}$ から成るものとし, $\mathcal{S}$ の辺としては Stokes 曲線を考える. 以下, 変わり点を △, 確定特異点を ⊙ という記号で表わし,「Stokes グラフ」と言えばこの 2 種類の頂点を区別するものとする. 例えば, 例 3.7 で論じた方程式(3.17)の Stokes グラフは図 3.7 のようになる.

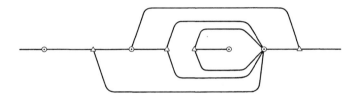

図 3.7 方程式(3.17)の Stokes グラフ.

本節を通じて, 方程式(3.1)に関して条件(3.4), (3.8)及び(3.12)を仮定する. したがって, 方程式(3.1)の Stokes グラフ $\mathcal{S}$ は次の性質を持つ.

(3.42) $\mathcal{S}$ の各辺は △ と ⊙ という 2 種類の異なる型の頂点を結ぶ.

(3.43) △ で表わされる各頂点からは, それぞれ 3 本の辺が出る.

さらに, $\sqrt{Q(x)}$ の分枝を定めたときと同様に, 2 つの △ をつなぐ形で適当に(ただし, 辺とは交わっても構わないが, ⊙ で表わされる頂点は通らないように)カットを引けば, ⊙ で表わされる各頂点に, $\Re c_k$ の符号に応じて + あるいは − の「符号」を指定することができる(各々 ⊕, ⊖ という記号で表わす). このとき, 次の命題が成立することに注意しよう.

命題 3.8 $\mathcal{S}$ の △ で表わされる頂点から出る 2 本の辺であって, 当該の △ から出るカットがその間には存在しないものを考える. このとき, この 2

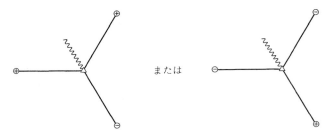

図 3.8　$\mathcal{S}$ の頂点 △ から出る 3 本の辺と，その終点の符号のパターン．(波線はカットを表わす．)

本の辺がいずれのカットとも交わらなければ，各々の終点である頂点 ⊙ に指定された符号は互いに相異なる(図 3.8 参照)．　　　　　　　　　□

実際，変わり点 a_j から出る Stokes 曲線 Γ (それは方程式 $\Im \int_{a_j}^{x} \sqrt{Q(x)}\,dx = 0$ により定義されていたことに注意)の終点が確定特異点 b_k であるとすれば，$\Re c_k$ の符号は Γ 上での $-\Re \int_{a_j}^{x} \sqrt{Q(x)}\,dx$ の符号に一致していたので，変わり点 a_j から見たとき，それが上の意味で交互に現われることはほぼ明らかであろう．

定義 3.9　上述の性質(3.42), (3.43)に加えて命題 3.8 で示された性質を持つ Riemann 球面 $P^1(\mathbb{C})$ 上のグラフ $\mathcal{S}$ を，(抽象) Stokes グラフと呼ぶ．特に，条件(3.4), (3.8), (3.12)を満たす Fuchs 型方程式(3.1)の変わり点，確定特異点及び Stokes 曲線から成るグラフ $\mathcal{S}$ はこれらの性質を満足する．これを方程式(3.1)の Stokes グラフと呼ぶ．　　　　　　　　　　□

Stokes グラフ $\mathcal{S}$ は自然に $P^1(\mathbb{C})$ の多角形分割を与える．この $\mathcal{S}$ により定まる多角形分割の各面を，ここでは $\mathcal{S}$ の面と言うことにしよう．

本節の目標は，方程式(3.1)の Stokes グラフ $\mathcal{S}$ の性質を述べた次の定理 3.10 を示すことである．以下に見るように，それらの性質は上で述べた Stokes グラフとしての基本性質を利用して証明される．

定理 3.10　方程式(3.1)について条件(3.4), (3.8)及び(3.12)を仮定する．このとき，その Stokes グラフ $\mathcal{S}$ は次の(i)〜(iii)の性質を持つ．

（ⅰ）　$2 \times (\odot$ で表わされる頂点の数$) - (\triangle$ で表わされる頂点の数$) = 4$.
（ⅱ）　$\mathcal{S}$ の各面はすべて 4 角形である.
（ⅲ）　$\mathcal{S}$ は連結である.

［証明］　(ⅰ)はポテンシャル $Q(x)$ の形に対する制限(3.3)及び仮定(3.4)よりすぐに従う. そこで(ⅱ)と(ⅲ)について考えよう. まず, $\mathcal{S}$ の連結性(すなわち(ⅲ))を仮定した上で(ⅱ)を示す.

補題 3.11　(抽象)Stokes グラフの面としては $4n$ 角形$(n = 1, 2, 3, \cdots)$しか現われない.

［証明］　一つの面に着目する. いずれのカットもこの問題の面の内側を通らないようにカットを引いた上で, 上で述べたように ⊙ で表わされる各頂点に符号 ± を定める. すると, 命題 3.8 により, この面の境界に沿っては $\to \oplus \to \triangle \to \ominus \to \triangle \to \oplus \to \cdots$ の順に頂点が現われる(図 3.9 参照).

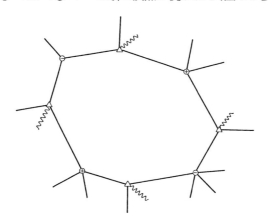

図 3.9　Stokes グラフの面.(波線はカットを表わす.)

したがって, この面の境界上, ⊕ 及び ⊖ の頂点は同数個, △ の頂点はさらにその 2 倍の個数, 各々存在する. よって, 境界上に存在する ⊕ の頂点の個数を n とすれば, この面は $4n$ 角形である. ∎

さて, 今, $F(\mathcal{S})$ を
$$F(\mathcal{S}) = 2 \times (\odot \text{で表わされる頂点の数}) - (\triangle \text{で表わされる頂点の数})$$

で定義する．本書では Fuchs 型方程式(3.1)に議論を限定しているため，上で見たように $F(\mathcal{S}) = 4$ は容易に示せたが，将来，不確定特異点なども含む一般の方程式を論じる際のことを念頭に置いて(「今後の方向と課題」参照)，ここでは(抽象)Stokes グラフの性質だけを用いて，(ii)の性質と $F(\mathcal{S})$ の値が密接に関連していることを示す次の2つの補題を証明しておこう．

補題 3.12 Stokes グラフ $\mathcal{S}$ について(ii)及び(iii)を仮定すれば，$F(\mathcal{S}) = 4$ が成り立つ． □

補題 3.13 $\mathcal{S}$ について(iii)を仮定し，さらに4角形以外の $\mathcal{S}$ の面が存在するとする．このとき $F(\mathcal{S}) > 4$ が成り立つ． □

もちろん，この2つの補題が示されれば，今の場合 $F(\mathcal{S}) = 4$ なので，$\mathcal{S}$ の連結性の仮定の下で(ii)が成立することになる．

[補題 3.12 の証明] 仮定より，$\mathcal{S}$ の各面はすべて4角形であり，その4つの頂点は2つの △ と2つの ⊙ とから成る．さらに，△ 同士，あるいは ⊙ 同士は決して隣り合わない．この事実に注意して，Stokes グラフ $\mathcal{S}$ から次のようにして2つの新たなグラフ $\mathcal{G}$ 及び $\mathcal{G}^*$ を定義する．

$$\begin{cases} \mathcal{G} \text{ の頂点} \longleftrightarrow \mathcal{S} \text{ の △ で表わされる頂点} \\ \mathcal{G} \text{ の辺} \longleftrightarrow \mathcal{S} \text{ の面} \\ \mathcal{G} \text{ の面} \longleftrightarrow \mathcal{S} \text{ の ⊙ で表わされる頂点} \end{cases}$$

$$\begin{cases} \mathcal{G}^* \text{ の頂点} \longleftrightarrow \mathcal{S} \text{ の ⊙ で表わされる頂点} \\ \mathcal{G}^* \text{ の辺} \longleftrightarrow \mathcal{S} \text{ の面} \\ \mathcal{G}^* \text{ の面} \longleftrightarrow \mathcal{S} \text{ の △ で表わされる頂点} \end{cases}$$

すなわち，$\mathcal{S}$ の頂点のうち △ で表わされるもののみを取り出し，$\mathcal{S}$ の各面の △ 同士を結ぶ対角線を引けばグラフ $\mathcal{G}$ が得られ，また $\mathcal{S}$ の頂点のうち ⊙ で表わされるもののみを取り出し，$\mathcal{S}$ の各面の ⊙ 同士を結ぶ対角線を引けばグラフ $\mathcal{G}^*$ が得られる(図 3.10 及び図 3.11 参照)．この $\mathcal{G}$ と $\mathcal{G}^*$ は互いに双対なグラフであって，$\mathcal{G}$ は各頂点から3本の辺が出るような連結グラフ，また $\mathcal{G}^*$ はその各面が3角形であるような連結グラフである．特に，このうち $\mathcal{G}$ に着目すると，今述べたことから

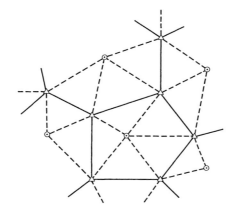

図 3.10 グラフ $\mathcal{G}$ の構成.（破線は $\mathcal{S}$ の辺を，実線は $\mathcal{G}$ の辺を表わす.）

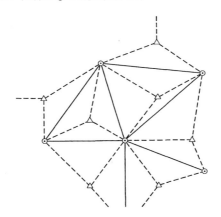

図 3.11 グラフ $\mathcal{G}^*$ の構成.（破線は $\mathcal{S}$ の辺を，実線は $\mathcal{G}^*$ の辺を表わす.）

$$\begin{cases} (\mathcal{G} \text{の頂点の数}) = (\mathcal{S} \text{の} \triangle \text{で表わされる頂点の数}) \\ (\mathcal{G} \text{の辺の数}) = \frac{3}{2} \times (\mathcal{S} \text{の} \triangle \text{で表わされる頂点の数}) \\ (\mathcal{G} \text{の面の数}) = (\mathcal{S} \text{の} \odot \text{で表わされる頂点の数}) \end{cases}$$

が成り立つ．したがって，多面体に対する Euler の定理により(すなわち,

$P^1(\mathbb{C}) \approx S^2$ の Euler 標数が 2 であるから),

$$-\frac{1}{2} \times (\mathcal{S} \text{ の } \triangle \text{ で表わされる頂点の数}) + (\mathcal{S} \text{ の } \odot \text{ で表わされる頂点の数}) = 2.$$

すなわち,$F(\mathcal{S}) = 4$ が得られた.

［補題 3.13 の証明］ 4 角形以外の $\mathcal{S}$ の面が存在したとすると,補題 3.11 により,それは $4n$ 角形 ($n \geqq 2$) でなければならない.例えば,今 8 角形が存在したとしよう.すると,図 3.12 で示されているように,2 個の $\triangle$ で表わされる頂点と 6 本の辺を追加して,$\mathcal{S}$ をいわば「細分」することができる.

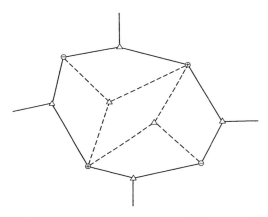

図 3.12 Stokes グラフの「細分」.(破線は新たに加えた辺.)

このとき,新しくできたグラフはやはり Stokes グラフであり,しかも元の $\mathcal{S}$ の 8 角形の面は 5 枚の 4 角形の面に分割されている.この「細分」の操作を繰り返し行えば,元の $\mathcal{S}$ からそのすべての面が 4 角形であるような新しい Stokes グラフ $\tilde{\mathcal{S}}$ を得ることができ,補題 3.12 より,この $\tilde{\mathcal{S}}$ については $F(\tilde{\mathcal{S}}) = 4$ が成り立つ.ここで $\mathcal{S}$ と $\tilde{\mathcal{S}}$ の頂点を比べると,$\mathcal{S}$ の頂点に新たにいくつかの $\triangle$ で表わされる頂点を追加したものが $\tilde{\mathcal{S}}$ の頂点である.したがって,$F(\mathcal{S}) > F(\tilde{\mathcal{S}}) = 4$ が成立する.

こうして $\mathcal{S}$ の連結性の仮定の下で定理 3.10 の性質 (ii) が証明された.

最後に,$\mathcal{S}$ が連結であることを示そう.仮に $\mathcal{S}$ が連結でないとすれば,$\mathcal{S}$

§3.2 Stokes グラフの分類について ─── 65

はいくつかの連結グラフの合併として表わされる.
$$\mathcal{S} = \mathcal{S}_1 \cup \cdots \cup \mathcal{S}_N \quad (直和).$$
各 $\mathcal{S}_n$ は連結な Stokes グラフであるから,$\mathcal{S}_n$ にここまでの議論を適用すると,$F(\mathcal{S}_n) \geqq 4$ が得られる.したがって,もし $N \geqq 2$ ならば
$$F(\mathcal{S}) = \sum_{j=1}^{N} F(\mathcal{S}_j) \geqq 8$$
となり,$F(\mathcal{S}) = 4$ に矛盾する.よって $\mathcal{S}$ は連結である. ∎

さて,補題 3.12 の証明で用いたグラフ $\mathcal{G}$ と $\mathcal{G}^*$(特に $\mathcal{G}^*$)を考えれば,定理 3.10 の性質(i)〜(iii)を満たす(抽象)Stokes グラフ $\mathcal{S}$ は $P^1(\mathbb{C}) \approx S^2$ の 3 角形分割と 1 対 1 に対応することがわかる.特に,方程式(3.1)の Stokes グラフ $\mathcal{S}$ は $P^1(\mathbb{C})$ の 3 角形分割により得られ,その面の数は $2g+2$ である.この(抽象)Stokes グラフと $P^1(\mathbb{C})$ の 3 角形分割との対応を利用すれば,少なくとも g が小さいときには,方程式(3.1)の Stokes グラフ $\mathcal{S}$ を分類することができる.

以下,$g=0$ 及び $g=1$ の場合に限ってではあるが,方程式(3.1)の Stokes グラフ $\mathcal{S}$ のリストを与えよう.($g=0$ のときは図 3.13 を,$g=1$ のときは図 3.14 を参照.それぞれの図で,左側が $\mathcal{S}$,中央が $\mathcal{G}$,右側が $\mathcal{G}^*$ を表わす.なお,例えば図 3.13 で $(2,2,2)$ という記号は,その Stokes グラフには ⊙(確定特異点)が 3 個あり,その各々に 2 本ずつの辺(Stokes 曲線)が流れ込んで

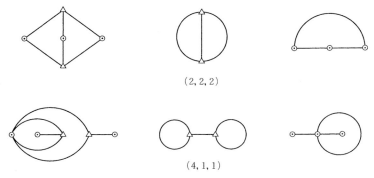

図 **3.13** $g=0$ の場合の Stokes グラフ.

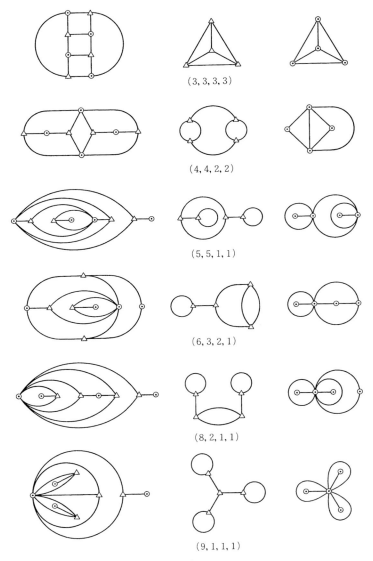

図 **3.14** $g=1$ の場合の Stokes グラフ.

いることを示す.)

このリストは $P^1(\mathbb{C})$ の 3 角形分割から得られたものであるが,実際 $g=0$ 及び $g=1$ の場合には,リストに現われるそれぞれのグラフを実現する (3.1) の形の方程式が存在する.しかし,定理 3.10 の性質 (i)〜(iii) を満たす (抽象) Stokes グラフが与えられたとき,それを実現する微分方程式が一般に存在するかどうかについては,現時点ではわかっていない.

《要 約》

3.1 WKB 解析を応用すれば,2 階 Fuchs 型方程式のモノドロミー群の具体的計算法が得られる.

3.2 その計算法によれば,モノドロミー群は,各確定特異点における特性指数,及びポテンシャル $Q(x)$ の平方根が定める Riemann 面上における WKB 解の対数微分の奇部分 $S_{\text{odd}}(x,\eta)$ の周回積分により記述される.特に,$\sqrt{Q(x)}$ の Riemann 面上における $S_{\text{odd}}(x,\eta)$ の周回積分が,モノドロミー群を決定するのに必要な大域的 data を与える.

3.3 実際の計算は,変わり点,確定特異点及び Stokes 曲線の (位相幾何学的な) 形状を参照し,留数解析的な考察を加えながら,WKB 解に対する接続公式を繰り返し適用することによって遂行される.

3.4 変わり点,確定特異点及び Stokes 曲線から成る Stokes グラフは,$P^1(\mathbb{C})$ の 3 角形分割と 1 対 1 に対応する.この対応を利用すれば,簡単な場合には Stokes グラフの分類を行うことができる.

4 Painlevé 函数の WKB 解析

　発見後約一世紀経った今もなお，その解析的性質が解明され尽くされていない稀有な特殊函数，それが Painlevé 函数であり，また，その数理物理学における重要性は神保[22]に解説されている通りである．このように難しくはあるが重要な対象の理解を少しでも深めるべく，本章では，本書の主題である "exact WKB 解析" の思想圏内で Painlevé 函数の構造を理解しようという我々の試みの概要を紹介してみたい．詳細については，[26], [3], [38], [39], [27]を参照されたい．具体的な内容は次の通りである．

　まず第 1 節では，Painlevé 函数をモノドロミー保存変形の立場から理解すべく，ある特別な Schrödinger 方程式（(SL_J)（$J = \mathrm{I}, \mathrm{II}, \cdots, \mathrm{VI}$)と呼ぶ）及びその変形方程式（$(D_J)$ と名付ける）を導入する．Painlevé 方程式 (P_J) はその 2 つの方程式 (SL_J) と (D_J) が両立するための条件として捉えられる．このような考え方は（(P_VI) の場合）R. Fuchs によるものであり，現在のところ，Painlevé 函数の解析において最も有効な方法論と思われる．この節の主眼は，(SL_J) にどのように大きなパラメータ η を入れるかを説明することにある．

　第 2 節では，第 1 節で導入されたパラメータ η をいわば物差しとして用いた (P_J) の形式解 $\lambda_J^{(0)}$ の構成法を論じる．この形式解の（η^{-1} のベキに関する）Borel 和の解析接続を考えることが本章の目標である．その解析接続に関する議論のため，第 3 節で (P_J) に関する Stokes 曲線などの概念の導入を行う．第 1 節で設定した舞台の幾何学的解説が主目標となる．

70 ── 第4章 Painlevé 函数の WKB 解析

第4節では，$\lambda_J^{(0)}$ を出発点として，Painlevé 函数の構造をより深く理解するために，2個のパラメータを含んだ解 $\lambda_J(t;\alpha,\beta)$ を multiple-scale の方法で構成する．容易に示し得るように，$\alpha=\beta=0$ のとき，$\lambda_J(t;\alpha,\beta)$ は $\lambda_J^{(0)}$ に一致する．

第5節では，(SL_I) の WKB 解析により，$\lambda_\mathrm{I}^{(0)}$ が (P_I) の Stokes 曲線を越えるときどのような変化を受けるかを，$\lambda_\mathrm{I}(t;\alpha,\beta)$ を用いて記述する．第2章第2節及び第3節で論じた Schrödinger 方程式の WKB 解に対する接続公式の Painlevé 版である．

最後の第6節では，一般の $\lambda_J^{(0)}$ に対する接続公式を第5節で得られた $\lambda_\mathrm{I}^{(0)}$ に対する結果に帰着させることを目標にした「$\lambda_J(t;\alpha,\beta)$ の変換論」を展開し，局所的かつ形式的には λ_J は λ_I に帰着されることを示す．この節の結果は，exact WKB 解析の立場からはまだ理論的解明が不十分で，今後の進展に待つところが大きい．ただ「実験数学」としては極めて興味深い結果と思われるので，あえて本書の最終節でこの話題に触れた次第である．

§4.1　Painlevé 方程式及び関連する Schrödinger 方程式

例えば神保 [22] に詳述されているように，元来新しい特殊函数の探求を目的としてその研究が始まった Painlevé 函数であるが，R. Fuchs [19] により，まったく意外な(と当時思われたに違いない)問題との関連が見出された．(なお，歴史的に厳密に言えば，Painlevé の元来の計算には見落としがあり，事実 VI 型の Painlevé 方程式を見出したのは R. Fuchs [18]([19] の速報)が最初である．その後 Gambier が，この R. Fuchs の見出した方程式をはじめとして見落としにより欠けていた方程式を補って，ようやく1906年の速報で Painlevé の分類を完成させた．)

以下，R. Fuchs の研究について述べよう．ポテンシャル $q(x,t)$ を以下の(4.2)の形で与えて，次の方程式(4.1)を考える．

§4.1　Painlevé 方程式及び関連する Schrödinger 方程式 ── 71

(4.1) $$\left(-\frac{\partial^2}{\partial x^2}+q(x,t)\right)\varphi(x,t)=0,$$

(4.2)
$$q(x,t)=\frac{a_0}{x^2}+\frac{a_1}{(x-1)^2}+\frac{a_\infty}{x(x-1)}+\frac{a_t}{(x-t)^2}+\frac{t(t-1)\mathcal{K}}{x(x-1)(x-t)}$$
$$-\frac{\lambda(t)(\lambda(t)-1)\epsilon(t)}{x(x-1)(x-\lambda(t))}+\frac{3}{4(x-\lambda(t))^2}.$$

ただし，ここで

(4.3)
$$\mathcal{K}=\frac{\lambda(t)(\lambda(t)-1)(\lambda(t)-t)}{t(t-1)}\left[\epsilon(t)^2-\left(\frac{1}{\lambda(t)}+\frac{1}{\lambda(t)-1}\right)\epsilon(t)\right.$$
$$\left.-\left(\frac{a_0}{\lambda(t)^2}+\frac{a_1}{(\lambda(t)-1)^2}+\frac{a_\infty}{\lambda(t)(\lambda(t)-1)}+\frac{a_t}{(\lambda(t)-t)^2}\right)\right]$$

とし，また $a_j\,(j=0,1,t,\infty)$ は t に依らない定数，$\lambda(t),\epsilon(t)$ は各々 t の函数とする.

このとき，方程式(4.1)は t をパラメータとする常微分方程式であって，その(確定)特異点は $x=0,1,t,\lambda(t),\infty$，そのうち特に $x=\lambda(t)$ はいわゆる「みかけの特異点」(apparent singular point)，すなわち解の特異性が非対数的となる特異点である(「みかけの特異点」については例えば岡本[31]参照).これらの確定特異点 $x=j\,(j=0,1,t,\infty)$ での特性指数を記述しているのが a_j であり ($x=\lambda(t)$ ではそこが「みかけの特異点」であるための条件としてその種のパラメータの値はすでに決まっている)，それが t に依らない定数であることから t が変化するとき(4.1)の解の局所的な特異性は変化しないけれども，他方(4.1)の解の大域的挙動を記述するモノドロミー群の構造は一般に変化し得る．

では，これが t に依らないための条件は何か(現代の言葉で言えば，(4.1)がモノドロミー保存変形を許すための条件は何か)，というのが Fuchs(この Fuchs は R. Fuchs の父)の問題であり，R. Fuchs の解答([19])は，「$\lambda(t)$ が

VI 型の Painlevé 方程式(Painlevé equation)，すなわち

(4.4)
$$\frac{d^2\lambda}{dt^2} = \frac{1}{2}\Big(\frac{1}{\lambda}+\frac{1}{\lambda-1}+\frac{1}{\lambda-t}\Big)\Big(\frac{d\lambda}{dt}\Big)^2 - \Big(\frac{1}{t}+\frac{1}{t-1}+\frac{1}{\lambda-t}\Big)\frac{d\lambda}{dt}$$
$$+\frac{2\lambda(\lambda-1)(\lambda-t)}{t^2(t-1)^2}\Bigg[1-\frac{\lambda^2-2t\lambda+t}{4\lambda^2(\lambda-1)^2}$$
$$+(a_0+a_1+a_t+a_\infty)-a_0\frac{t}{\lambda^2}+a_1\frac{t-1}{(\lambda-1)^2}-a_t\frac{t(t-1)}{(\lambda-t)^2}\Bigg]$$

を満たし，$\epsilon(t)$ は λ と $\lambda'=d\lambda/dt$ を用いて

(4.5) $\quad\quad\epsilon(t) = \dfrac{1}{2}\Big(\dfrac{t(t-1)\lambda'}{\lambda(\lambda-1)(\lambda-t)}+\dfrac{1}{\lambda}+\dfrac{1}{\lambda-1}\Big)$

と表わされる」というものである．なお，([19]ではその表現を用いていないが)ここで現われた (λ,ϵ) の関係式は，$\mathcal{K}$ を用いて次のように Hamilton(–Jacobi)系としてきれいにまとめられることが知られている(岡本[30]及びそこの文献参照).

(4.6) $\quad\begin{cases}\dfrac{d\lambda}{dt}=\dfrac{\partial \mathcal{K}}{\partial \epsilon},\\[4pt]\dfrac{d\epsilon}{dt}=-\dfrac{\partial \mathcal{K}}{\partial \lambda}.\end{cases}$

$\mathcal{K}$ の具体的な形を見れば，この(4.6)から(4.4)(及び(4.5))が従うことは見易い．R. Fuchs は，「モノドロミー不変性」の条件を，まず解 φ が

(4.7) $\quad\quad\dfrac{\partial\varphi}{\partial t}=A\dfrac{\partial\varphi}{\partial x}-\dfrac{1}{2}\dfrac{\partial A}{\partial x}\varphi$

なる微分方程式を

(4.8) $\quad\quad A=\dfrac{(\lambda-t)x(x-1)}{t(t-1)(x-\lambda)}$

という函数に対して満たすこと，という形に言い換え，次に(4.1)と(4.7)が両立する条件を列挙することにより，(λ,ϵ) に対する関係式を得たのであった．

§4.1 Painlevé方程式及び関連するSchrödinger方程式

さて，いま考えている方程式は($x=\lambda(t)$ という「みかけの特異点」は別として)，本質的には第3章第1節で考えたタイプの方程式であり，そこでの考察を(4.1)にも適用してみたくなる．そのために，方程式(4.1)のポテンシャル$q(x,t)$の係数に然るべき大きなパラメータηを導入して，(4.1)が(3.1)，あるいは同じことだが(2.1)の形を持つようにすることを考えてみよう．(以下に見るように，(2.1)のポテンシャル$Q(x)$を$Q(x,\eta^{-1})$という形にまでは一般化しなければならない．ただ，これは「singular perturbationをregularlyにperturbする」ことに相当し余り問題ではない(例えば青木-吉田[4]参照)．主眼はポテンシャルが$\eta^2 Q(x)$というηについて2次の項を含む点である．)

まず，変数(x,t)は特にηに依存させる必要がないと考えるのは自然であろう．次に，qの形から$a_j = \alpha_j \eta^2$，α_jは定数$(j=0,1,t,\infty)$とし，また$\mathcal{K}$はηについて(高々)2次，さらに因子$1/(x-\lambda)$の形からλはηについて0次と考えるべきであろう．ϵは，(4.5)から考えればηについて0次と考えるべきだが，これは上述のようにモノドロミー不変性の帰結として得られた式ゆえ，議論の最初では(高々)2次である$\mathcal{K}$の形からやはり(高々)1次と考えるのが自然であろう；$\epsilon = \eta \nu$．以下さらにもう一つ，(λ, ν)はη^{-1}の形式ベキ級数に展開できることを仮定しよう．すなわち，

$$(4.9) \quad \begin{cases} \lambda = \lambda_0(t) + \eta^{-1}\lambda_1(t) + \cdots, \\ \nu = \nu_0(t) + \eta^{-1}\nu_1(t) + \cdots. \end{cases}$$

(この仮定により，ポテンシャルq/η^2もη^{-1}の形式ベキ級数に$(x \neq \lambda_0(t)$において)展開されることとなる．)

以上のスケーリングに関する仮定及びR. Fuchsの議論をまとめると，我々の問題設定は次のようになる：

$$(4.10) \quad \left(-\frac{\partial^2}{\partial x^2} + \eta^2 Q(x,t,\eta)\right)\psi(x,t,\eta) = 0,$$

$$(4.11) \quad \frac{\partial \psi}{\partial t} = A\frac{\partial \psi}{\partial x} - \frac{1}{2}\frac{\partial A}{\partial x}\psi$$

なる連立方程式を考える．ここで，A は(4.8)で与えられたものとし，また Q は上のスケーリングにより q/η^2 として得られたものとする．具体的には，

(4.12)
$$Q(x,t,\eta) = \frac{\alpha_0}{x^2} + \frac{\alpha_1}{(x-1)^2} + \frac{\alpha_\infty}{x(x-1)} + \frac{\alpha_t}{(x-t)^2} + \frac{t(t-1)K}{x(x-1)(x-t)}$$
$$- \frac{\eta^{-1}\lambda(\lambda-1)\nu}{x(x-1)(x-\lambda)} + \frac{3\eta^{-2}}{4(x-\lambda)^2},$$

ただし，$K = \eta^{-2}\mathcal{K}$，すなわち

(4.13) $$K = \frac{\lambda(\lambda-1)(\lambda-t)}{t(t-1)}\left[\nu^2 - \eta^{-1}\left(\frac{1}{\lambda} + \frac{1}{\lambda-1}\right)\nu\right.$$
$$\left. - \left(\frac{\alpha_0}{\lambda^2} + \frac{\alpha_1}{(\lambda-1)^2} + \frac{\alpha_\infty}{\lambda(\lambda-1)} + \frac{\alpha_t}{(\lambda-t)^2}\right)\right].$$

このとき，(4.10)と(4.11)の両立条件は，(4.6)に上のスケーリングをあわせて

(4.14) $$\begin{cases} \dfrac{d\lambda}{dt} = \eta\dfrac{\partial K}{\partial \nu}, \\ \dfrac{d\nu}{dt} = -\eta\dfrac{\partial K}{\partial \lambda}. \end{cases}$$

と表わされることになる．なお，ここで(4.14)を λ に対する方程式として書き直せば，

(4.15)
$$\frac{d^2\lambda}{dt^2} = \frac{1}{2}\left(\frac{1}{\lambda} + \frac{1}{\lambda-1} + \frac{1}{\lambda-t}\right)\left(\frac{d\lambda}{dt}\right)^2 - \left(\frac{1}{t} + \frac{1}{t-1} + \frac{1}{\lambda-t}\right)\frac{d\lambda}{dt}$$
$$+ \frac{2\lambda(\lambda-1)(\lambda-t)}{t^2(t-1)^2}\left[1 - \frac{\lambda^2 - 2t\lambda + t}{4\lambda^2(\lambda-1)^2}\right.$$
$$\left. + \eta^2\left\{(\alpha_0 + \alpha_1 + \alpha_t + \alpha_\infty) - \alpha_0\frac{t}{\lambda^2} + \alpha_1\frac{t-1}{(\lambda-1)^2} - \alpha_t\frac{t(t-1)}{(\lambda-t)^2}\right\}\right]$$

となる．もちろん，この式で $\eta=1$ とおけば通常の Painlevé VI 型の方程式

§4.1 Painlevé 方程式及び関連する Schrödinger 方程式 —— 75

となるわけであるが，ここで注意すべきは，この方程式(4.15)は λ の展開式(4.9)を代入すれば明らかに特異摂動の構造を持つ方程式になっていることである．この事実については次節でより一般的に議論したい．以下本章全体を通じてなされる議論はすべて，我々の導入した大きなパラメータ η に関する展開が自然に特異摂動の構造を Painlevé 方程式に与えるというこの事実を出発点にしている，と言っても過言ではないほど重要な点である．

このようにして，(4.1)(と間接的には(4.7)も)に大きなパラメータ η を導入したわけであるが，Painlevé V は(4.1)の特異点を合流させる手続きをそのまま Painlevé VI に対して適用することにより得られ，その他の Painlevé J (J＝I, II, III, IV)も順次同様の手続きにより得られる，という事実(例えば岡本[30]または[31]参照)に対応して，このパラメータ η は共通のものとする類似の方程式系(その両立条件が「大きなパラメータ η を含む Painlevé 方程式」である)を得ることができる．ここでは，こうした**合流**(confluence)の手続きの詳細については[26]を参照するに止め，結果として現われるポテンシャル等のみを以下に表としてまとめておく．

その表(表4.1〜表4.5)では，慣例に従い，Painlevé J (J＝I, II, …, VI) に関連するものには添字 J を付けることとする；例えば，今まで述べてきたものはすべて Painlevé VI に関係するので，ポテンシャルを Q_{VI} と記し，Hamiltonian K を K_{VI} と記す，等々．また，Painlevé 方程式も我々はすべてこのパラメータ η を含むものを考えるので，本書ではそれらを (P_J) と記すこととする．例えば(4.15)を (P_{VI}) と記す．また，これも慣例に従い，関連する Schrödinger 方程式を (SL_J) と記し，その**変形方程式**(deformation equation)を (D_J) と記す．例えば(4.10)を (SL_{VI}) と記し，(4.11)を (D_{VI}) と記す．なお，(SL_J) なる記号は，方程式(4.1)のモノドロミー群が(1階項がないお蔭で) $GL(2,\mathbb{C})$ の部分群 $SL(2,\mathbb{C})$ に入っていることに由来する(注意3.4参照)．

表 4.1 我々の議論の出発点となる Schrödinger 方程式 (SL_J).

(SL_J) $\left(-\dfrac{\partial^2}{\partial x^2}+\eta^2 Q_J(x,t,\eta)\right)\psi(x,t,\eta)=0.$

$Q_{\mathrm{I}} = 4x^3 + 2tx + 2K_{\mathrm{I}} - \eta^{-1}\dfrac{\nu}{x-\lambda} + \eta^{-2}\dfrac{3}{4(x-\lambda)^2}.$

$Q_{\mathrm{II}} = x^4 + tx^2 + 2\alpha x + 2K_{\mathrm{II}} - \eta^{-1}\dfrac{\nu}{x-\lambda} + \eta^{-2}\dfrac{3}{4(x-\lambda)^2}.$

$Q_{\mathrm{III}} = \dfrac{\alpha_0 t^2}{x^4} + \dfrac{\alpha_0' t}{x^3} + \dfrac{\alpha_\infty' t}{x} + \alpha_\infty t^2 + \dfrac{tK_{\mathrm{III}}}{2x^2}$
$\qquad - \eta^{-1}\dfrac{\lambda\nu(x+\lambda)}{2x^2(x-\lambda)} + \eta^{-2}\dfrac{3}{4(x-\lambda)^2}.$

$Q_{\mathrm{IV}} = \dfrac{\alpha_0}{x^2} + \alpha_1 + \left(\dfrac{x+2t}{4}\right)^2 + \dfrac{K_{\mathrm{IV}}}{2x}$
$\qquad - \eta^{-1}\dfrac{\lambda\nu}{x(x-\lambda)} + \eta^{-2}\dfrac{3}{4(x-\lambda)^2}.$

$Q_{\mathrm{V}} = \dfrac{\alpha_0}{x^2} + \dfrac{\alpha_1 t^2}{(x-1)^4} + \dfrac{\alpha_2 t}{(x-1)^3} + \dfrac{\alpha_\infty}{(x-1)^2} + \dfrac{tK_{\mathrm{V}}}{x(x-1)^2}$
$\qquad - \eta^{-1}\dfrac{\lambda(\lambda-1)\nu}{x(x-1)(x-\lambda)} + \eta^{-2}\dfrac{3}{4(x-\lambda)^2}.$

$Q_{\mathrm{VI}} = \dfrac{\alpha_0}{x^2} + \dfrac{\alpha_1}{(x-1)^2} + \dfrac{\alpha_\infty}{x(x-1)} + \dfrac{\alpha_t}{(x-t)^2} + \dfrac{t(t-1)K_{\mathrm{VI}}}{x(x-1)(x-t)}$
$\qquad - \eta^{-1}\dfrac{\lambda(\lambda-1)\nu}{x(x-1)(x-\lambda)} + \eta^{-2}\dfrac{3}{4(x-\lambda)^2}.$

表 4.2 前表に用いられた記号 K_J; これは表 4.4 の Hamilton 系の Hamiltonian としても用いられる.

$$K_\mathrm{I} = \frac{1}{2}[\nu^2 - (4\lambda^3 + 2t\lambda)].$$

$$K_\mathrm{II} = \frac{1}{2}[\nu^2 - (\lambda^4 + t\lambda^2 + 2\alpha\lambda)].$$

$$K_\mathrm{III} = \frac{2\lambda^2}{t}\left[\nu^2 - \eta^{-1}\frac{3\nu}{2\lambda} - \left(\frac{\alpha_0 t^2}{\lambda^4} + \frac{\alpha'_0 t}{\lambda^3} + \frac{\alpha'_\infty t}{\lambda} + \alpha_\infty t^2\right)\right].$$

$$K_\mathrm{IV} = 2\lambda\left[\nu^2 - \eta^{-1}\frac{\nu}{\lambda} - \left(\frac{\alpha_0}{\lambda^2} + \alpha_1 + \left(\frac{\lambda + 2t}{4}\right)^2\right)\right].$$

$$K_\mathrm{V} = \frac{\lambda(\lambda-1)^2}{t}\left[\nu^2 - \eta^{-1}\left(\frac{1}{\lambda} + \frac{1}{\lambda-1}\right)\nu \right.$$
$$\left. - \left(\frac{\alpha_0}{\lambda^2} + \frac{\alpha_1 t^2}{(\lambda-1)^4} + \frac{\alpha_2 t}{(\lambda-1)^3} + \frac{\alpha_\infty}{(\lambda-1)^2}\right)\right].$$

$$K_\mathrm{VI} = \frac{\lambda(\lambda-1)(\lambda-t)}{t(t-1)}\left[\nu^2 - \eta^{-1}\left(\frac{1}{\lambda} + \frac{1}{\lambda-1}\right)\nu \right.$$
$$\left. - \left(\frac{\alpha_0}{\lambda^2} + \frac{\alpha_1}{(\lambda-1)^2} + \frac{\alpha_\infty}{\lambda(\lambda-1)} + \frac{\alpha_t}{(\lambda-t)^2}\right)\right].$$

表 4.3 変形方程式 (D_J).

(D_J) $\quad \dfrac{\partial \psi}{\partial t} = A_J(x,t,\lambda)\dfrac{\partial \psi}{\partial x} - \dfrac{1}{2}\dfrac{\partial A_J}{\partial x}(x,t,\lambda)\psi.$

$A_\mathrm{I} = A_\mathrm{II} = \dfrac{1}{2(x-\lambda)}, \quad A_\mathrm{III} = \dfrac{1}{t}\dfrac{x(x+\lambda)}{x-\lambda}, \quad A_\mathrm{IV} = \dfrac{2x}{x-\lambda},$

$A_\mathrm{V} = \dfrac{\lambda-1}{t}\dfrac{x(x-1)}{x-\lambda}, \quad A_\mathrm{VI} = \dfrac{\lambda-t}{t(t-1)}\dfrac{x(x-1)}{x-\lambda}.$

表 4.4 (SL_J) と (D_J) の両立条件を与える Hamilton 系 (H_J).

(H_J)
$$\begin{cases} \dfrac{d\lambda}{dt} = \eta \dfrac{\partial K_J}{\partial \nu}, \\ \dfrac{d\nu}{dt} = -\eta \dfrac{\partial K_J}{\partial \lambda}. \end{cases}$$

表 4.5 (H_J) より従う Painlevé 方程式 (P_J).

(P_I)
$$\frac{d^2\lambda}{dt^2} = \eta^2(6\lambda^2 + t).$$

(P_II)
$$\frac{d^2\lambda}{dt^2} = \eta^2(2\lambda^3 + t\lambda + \alpha).$$

(P_III)
$$\frac{d^2\lambda}{dt^2} = \frac{1}{\lambda}\left(\frac{d\lambda}{dt}\right)^2 - \frac{1}{t}\frac{d\lambda}{dt} + \eta^2\left[16\alpha_\infty \lambda^3 + \frac{8\alpha'_\infty \lambda^2}{t} - \frac{8\alpha'_0}{t} - \frac{16\alpha_0}{\lambda}\right].$$

(P_IV)
$$\frac{d^2\lambda}{dt^2} = \frac{1}{2\lambda}\left(\frac{d\lambda}{dt}\right)^2 - \frac{2}{\lambda} + \eta^2\left[\frac{3}{2}\lambda^3 + 4t\lambda^2 + (2t^2 + 8\alpha_1)\lambda - \frac{8\alpha_0}{\lambda}\right].$$

(P_V)
$$\frac{d^2\lambda}{dt^2} = \left(\frac{1}{2\lambda} + \frac{1}{\lambda-1}\right)\left(\frac{d\lambda}{dt}\right)^2 - \frac{1}{t}\frac{d\lambda}{dt} + \frac{(\lambda-1)^2}{t^2}\left(2\lambda - \frac{1}{2\lambda}\right)$$
$$+ \eta^2 \frac{2\lambda(\lambda-1)^2}{t^2}\left[(\alpha_0 + \alpha_\infty) - \alpha_0 \frac{1}{\lambda^2} - \alpha_2 \frac{t}{(\lambda-1)^2} - \alpha_1 \frac{t^2(\lambda+1)}{(\lambda-1)^3}\right].$$

(P_VI)
$$\frac{d^2\lambda}{dt^2} = \frac{1}{2}\left(\frac{1}{\lambda} + \frac{1}{\lambda-1} + \frac{1}{\lambda-t}\right)\left(\frac{d\lambda}{dt}\right)^2 - \left(\frac{1}{t} + \frac{1}{t-1} + \frac{1}{\lambda-t}\right)\frac{d\lambda}{dt}$$
$$+ \frac{2\lambda(\lambda-1)(\lambda-t)}{t^2(t-1)^2}\left[1 - \frac{\lambda^2 - 2t\lambda + t}{4\lambda^2(\lambda-1)^2}\right.$$
$$\left. + \eta^2\left\{(\alpha_0 + \alpha_1 + \alpha_t + \alpha_\infty) - \alpha_0 \frac{t}{\lambda^2} + \alpha_1 \frac{t-1}{(\lambda-1)^2} - \alpha_t \frac{t(t-1)}{(\lambda-t)^2}\right\}\right].$$

§4.2 (P_J) の 0-パラメータ解 $\lambda_J^{(0)}$

前節では，方程式(4.1)が大きなパラメータ η を含む Schrödinger 方程式となるように，その係数に現われるパラメータ a_j などの η-依存性を定めた．すでに前節でも (P_{VI}) に関係して注意したように，λ（及び ν）の η^{-1} についての展開を仮定すると，(P_J)（あるいは (H_J)）の形式解が特異摂動的に決まると期待される．本節ではその事実を確認し，あわせてその基本的性質のいくつかを紹介する．ここで作られる解 $\lambda_J^{(0)}$ は，以下の構成法より明らかなように自由(任意)パラメータを含まないので，0-パラメータ解と呼ぶこととする．この解が，次節で定義する (P_J) の Stokes 曲線を越えたときどのように新しいパラメータを獲得するか，またそのような(パラメータを含む)解はどのようにして構成されるか，は第4節以降に順次解説する．

以下，記述を簡単にするため，(P_J) における η^2 の係数を F_J と記し，また，F_J から本節では本質的でない因子を取り除いた λ についての多項式 $F_J^\dagger$ を次のように定める．

定義 4.1

$$F_{\text{I}}^\dagger(\lambda, t) = 6\lambda^2 + t,$$
$$F_{\text{II}}^\dagger(\lambda, t) = 2\lambda^3 + t\lambda + \alpha,$$
$$F_{\text{III}}^\dagger(\lambda, t) = 2\alpha_\infty t\lambda^4 + \alpha'_\infty \lambda^3 - \alpha'_0 \lambda - 2\alpha_0 t,$$
$$F_{\text{IV}}^\dagger(\lambda, t) = \frac{3}{4}\lambda^4 + 2t\lambda^3 + (t^2 + 4\alpha_1)\lambda^2 - 4\alpha_0,$$
$$F_{\text{V}}^\dagger(\lambda, t) = (\alpha_0 + \alpha_\infty)\lambda^2(\lambda-1)^3 - \alpha_0(\lambda-1)^3 - \alpha_2 t\lambda^2(\lambda-1)$$
$$\quad - \alpha_1 t^2 \lambda^2(\lambda+1),$$
$$F_{\text{VI}}^\dagger(\lambda, t) = (\alpha_0 + \alpha_1 + \alpha_t + \alpha_\infty)\lambda^2(\lambda-1)^2(\lambda-t)^2 - \alpha_0 t(\lambda-1)^2(\lambda-t)^2$$
$$\quad + \alpha_1(t-1)\lambda^2(\lambda-t)^2 - \alpha_t t(t-1)\lambda^2(\lambda-1)^2.$$

□

この $F_J^\dagger$ を用いて Δ_J なる集合を次式で定める．

(4.16) $\quad \{t \in \mathbb{C};\ \text{ある } \lambda \text{ に対して } F_J^\dagger(\lambda, t) = \dfrac{\partial F_J^\dagger}{\partial \lambda}(\lambda, t) = 0 \text{ が成立する}\}.$

また，記号の便のため，次の集合を定義しておく．

定義 4.2
$$Exc_{\mathrm{I}} = Exc_{\mathrm{II}} = \varnothing, \quad Exc_{\mathrm{III}} = Exc_{\mathrm{IV}} = \{0\},$$
$$Exc_{\mathrm{V}} = \{0, 1\}, \quad Exc_{\mathrm{VI}} = \{0, 1, t\}. \qquad \square$$

以上の記号の準備の下に，我々は次の結果を得ることができる．

定理 4.3 今，t_0 を Δ_J に含まれない $\mathbb{C}$ の点とし，$J = \mathrm{III}$ のときは加えて $t_0 \neq 0$ とする．また，$J = \mathrm{III}$ のときは $\alpha_\infty \neq 0$，$J = \mathrm{V}$ のときは $\alpha_0 + \alpha_\infty \neq 0$，$J = \mathrm{VI}$ のときは $\alpha_0 + \alpha_1 + \alpha_t + \alpha_\infty \neq 0$ を仮定する．このとき，t_0 の適当な近傍 U 上で，$((SL_J)$ と (D_J) の両立条件を与える）次の Hamilton 系 (H_J) :

$$(4.17) \quad \begin{cases} \dfrac{d\lambda}{dt} = \eta \dfrac{\partial K_J}{\partial \nu}, \\ \dfrac{d\nu}{dt} = -\eta \dfrac{\partial K_J}{\partial \lambda} \end{cases}$$

を満たす η^{-1} についての形式ベキ級数解 $(\lambda_J^{(0)}, \nu_J^{(0)})$ が存在し，その級数の η^{-j} の係数 $(\lambda_{J,j}^{(0)}(t), \nu_{J,j}^{(0)}(t))$ は U 上で正則であって，さらに以下の条件 (4.18)～(4.20) を満足する．

(4.18) $\qquad\qquad \lambda_{J,0}^{(0)}(t_0) \notin Exc_J,$

(4.19) $\qquad\qquad U$ 上で $\quad F_J^\dagger(\lambda_{J,0}^{(0)}(t), t) = 0,$

(4.20) $\qquad\qquad U$ 上で $\quad \nu_{J,0}^{(0)}(t) = 0.$

さらに，$(\lambda_{J,j}^{(0)}, \nu_{J,j}^{(0)}) \, (j \geq 1)$ は $(\lambda_{J,0}^{(0)}, \nu_{J,0}^{(0)})$ が決まれば後は逐次一意的に決定され，しかも次の関係式が満たされる．

(4.21) $\qquad\qquad \lambda_{J, 2k-1}^{(0)} = \nu_{J, 2k}^{(0)} = 0 \qquad (k \geq 1).$

[証明] 以下この証明中 $\lambda_{J,j}^{(0)}, \nu_{J,j}^{(0)}$ を各々 λ_j, ν_j と略記する．また，Hamilton 系 (4.17) の第 1 式を (4.17.i)，第 2 式を (4.17.ii) で表わすこととする．

まず，$t_0 \notin \Delta_J$ ゆえ (4.18) と (4.19) を満たす $\lambda_0(t)$ が t_0 の近傍で存在することは容易にわかる．（α_j の値によっては (4.18) が自動的に満たされるわけではないが，その場合は $\lambda_0(t_0)$ が (4.18) を満たすよう $\lambda_0(t)$ を取り直すことができる．）さて，$\partial K_J / \partial \nu$ の（η についての）0 次項（以下「η についての」

は多くの場合省略する)は，(λ_0 と t の有理式)$\times \nu_0$ の形であり，しかも上の条件(4.18)より，この λ_0 と t の有理式が 0 にならないことは K_J の具体形(表4.2 参照)より明らかである．したがって，(4.17.i)の左辺が高々 0 次ゆえ，右辺の $(+1)$ 次の項，すなわち $\partial K_J/\partial \nu$ の 0 次項は恒等的に 0，よって(4.20)が成り立つ．次に，このようにして定めた (λ_0, ν_0) に対し，(4.17.ii)の最高次の部分が満たされる(すなわち，$(+1)$ 次部分は恒等的に 0 である)ことを示そう．実際，K_J の形より，

$$(4.22) \quad \frac{\partial K_J}{\partial \lambda} = \left.\frac{\partial K_J}{\partial \lambda}\right|_{\nu=0} + (\eta \text{について高々}(-2)\text{次の項})$$

となり，しかも

$$(4.23) \quad -\left.\frac{\partial K_J}{\partial \lambda}\right|_{\nu=0} = C_J^\dagger F_J^\dagger$$

となる有理式 $C_J^\dagger$ が存在することは容易に確かめ得る．具体的には

$$(4.24) \quad \begin{array}{l} C_\mathrm{I}^\dagger = C_\mathrm{II}^\dagger = 1, \quad C_\mathrm{III}^\dagger = \dfrac{2}{\lambda^3}, \quad C_\mathrm{IV}^\dagger = \dfrac{1}{2\lambda^2}, \\[2mm] C_\mathrm{V}^\dagger = \dfrac{1}{t\lambda^2(\lambda-1)^3}, \quad C_\mathrm{VI}^\dagger = \dfrac{1}{t(t-1)\lambda^2(\lambda-1)^2(\lambda-t)^2}. \end{array}$$

したがって(4.18), (4.19)より，(4.17.ii)の $(+1)$ 次部分は 0 となる．さらに，(4.22), (4.23)により，$\nu_0 = 0$ ならば((4.17.ii)の 0 次部分を見て)$F_J^\dagger(\lambda_0 + \eta^{-1}\lambda_1, t)$ の (-1) 次部分は 0 でなければならない．ところが，$t_0 \notin \Delta_J$ ゆえ $\left.\partial F_J^\dagger/\partial \lambda\right|_{\lambda=\lambda_0} \neq 0$ が t_0 の適当な近傍 U 上で成り立つとしてよいから，$\lambda_1 = 0$ が U 上で成り立つ．このようにして定まった (λ_0, λ_1) ($\lambda_1 = 0$)を用いて，(4.17.i)より (ν_1, ν_2) を定めることができ，$\nu_2 = 0$ となることは $\nu_0 = 0$ を示した議論と同様である．以下この議論を繰り返せば，$(\lambda_{2k}, \lambda_{2k+1})$ は $\{\lambda_l, \nu_m\}_{0 \leq l \leq 2k-1, 0 \leq m \leq 2k}$ により，(ν_{2k+1}, ν_{2k+2}) は $\{\lambda_l, \nu_m\}_{0 \leq l \leq 2k+1, 0 \leq m \leq 2k}$ により，各々一意に決定される．また(4.21)が満たされることは，λ_1 あるいは ν_2 が(4.21)を満たすことを示した上と同様の議論を用いることにより，帰納的に証明される．∎

今後我々は，ここで構成した形式解 $(\lambda_J^{(0)}, \nu_J^{(0)})$ を Q_J, A_J などの含む (λ, ν)

に代入し,その結果を η について展開して議論を進める.また,その展開に現われる η^{-j} の係数を $Q_{J,j}, A_{J,j}$ などと記す.なお,

$$\frac{1}{x-\lambda_J^{(0)}(t)} = \frac{1}{x-\lambda_{J,0}^{(0)}}\left[1+\left(\frac{\eta^{-1}\lambda_{J,1}^{(0)}+\eta^{-2}\lambda_{J,2}^{(0)}+\cdots}{x-\lambda_{J,0}^{(0)}}\right)\right.$$
$$\left.+\left(\frac{\eta^{-1}\lambda_{J,1}^{(0)}+\eta^{-2}\lambda_{J,2}^{(0)}+\cdots}{x-\lambda_{J,0}^{(0)}}\right)^2+\cdots\right]$$

という展開に注意.

このように係数 (λ,ν) に $(\lambda_J^{(0)},\nu_J^{(0)})$ を代入した (SL_J) の構造に関しては,第6節でより一般の場合(すなわち 2-パラメータ解を代入した場合)について詳しい結果を紹介するのでここでは詳しく論じないが,次の定理は重要である.

定理 4.4 上述のように (SL_J) の係数に $(\lambda_J^{(0)},\nu_J^{(0)})$ を代入するとき, $x=\lambda_{J,0}^{(0)}(t_0)$ の近傍 U 上での正則函数列 $\{z_j(x,t)\}_{j=0,1,2,\cdots}$ が存在し,

(4.25) $$z(x,t,\eta) = \sum_{j\geqq 0} z_j(x,t)\eta^{-j}$$

と定めれば

(4.26) $$Q_J(x,t,\eta) = \left(\frac{\partial z}{\partial x}\right)^2\left(4z^2-\frac{3\eta^{-2}}{4z^2}\right) - \frac{1}{2}\eta^{-2}\{z;x\}$$

が成立する. □

この結果は,(第2章第3節で論じた変換論により)(SL_J) が

(4.27) $$\left(-\frac{\partial^2}{\partial z^2}+4z^2\eta^2-\frac{3}{4z^2}\right)\varphi(z,\eta) = 0$$

に WKB 解析的に変換されることを示している.ここで,(4.27) の一般解は

(4.28) $$C_1(\eta)\frac{1}{\sqrt{z}}\exp(\eta z^2) + C_2(\eta)\frac{1}{\sqrt{z}}\exp(-\eta z^2)$$

であり,変わり点 $z=0$ の近傍で何も特別なことが起きないことに注意されたい.これは 0-パラメータ解に特有の極めて著しい事実である.この定理 4.4 の証明については [26, §1] を参照されたい.

§4.3　(P_J) の Stokes 幾何学と (SL_J) の Stokes 幾何学

本節の目標は，(P_J) に対してその変わり点及び Stokes 曲線を定義し，それらが (SL_J) の Stokes 幾何学，すなわちその変わり点及び Stokes 曲線の構造，と表裏一体をなしているのを示すことである．本節以降，変数 t は (P_J) の自明な特異点(すなわち，$(P_{\mathrm{III}}), (P_{\mathrm{V}})$ における $\{0\}$, (P_{VI}) における $\{0, 1\}$) とは異なると常に仮定する．なお，前節において $\lambda_{J,0}^{(0)}(t)$ は Δ_J 外の点 t_0 の近傍での正則函数として導入されたが，(4.19)から明らかなように，$\lambda_{J,0}^{(0)}(t)$ は Δ_J に含まれる点の近傍まで多価解析函数として拡張される．以下では特記しない限り，$\lambda_{J,0}^{(0)}(t)$ はこのようにして得られる多価解析函数を表わすものとする．

定義 4.5

(ⅰ)　0-パラメータ解 $\lambda_J^{(0)}$ に対し，

$$F_J(\lambda_{J,0}^{(0)}(t), t) = \frac{\partial F_J}{\partial \lambda}(\lambda_{J,0}^{(0)}(t), t) = 0 \tag{4.29}$$

となる点 t を $\lambda_J^{(0)}$ の変わり点と呼ぶ．

(ⅱ)　t が $\lambda_J^{(0)}$ の変わり点であり，さらに

$$\frac{\partial^2 F_J}{\partial \lambda^2}(\lambda_{J,0}^{(0)}(t), t) \neq 0 \tag{4.30}$$

及び

$$\lambda_{J,0}^{(0)}(t) \notin Exc_J \tag{4.31}$$

が満たされるとき，t を単純変わり点と呼ぶ．

(ⅲ)　r を $\lambda_J^{(0)}$ に対する変わり点として

$$\Im \int_r^t \sqrt{\frac{\partial F_J}{\partial \lambda}(\lambda_{J,0}^{(0)}(s), s)}\, ds = 0 \tag{4.32}$$

となる点の全体を $\lambda_J^{(0)}$ に対する Stokes 曲線と呼ぶ．　　□

注意 4.6　Schrödinger 方程式の変わり点とは，S_{-1} の定義方程式

$$S_{-1}^2 = Q \tag{4.33}$$

が(S_{-1} に対する方程式と見て)重根を持つ点に他ならない．これが上の定義 4.5

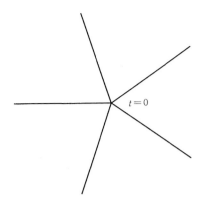

図 4.1 $\lambda_{\mathrm{I}}^{(0)}$ の変わり点と Stokes 曲線.

(i) の背景である. 定義 4.5(iii) の妥当性については, 以下の諸結果(定理 4.9, 系 4.10, 定理 4.17 など) によって保証される, というのが適当であろう.

注意 4.7 (P_{I}) の場合, $\lambda_{\mathrm{I}}^{(0)}$ は $\pm\sqrt{-t/6}$ を 0 次項とするものしかないから, 「$\lambda_{\mathrm{I}}^{(0)}$ の」というより「(P_{I}) の」という方が自然であるが, 一般には $F_J(\lambda_{J,0}^{(0)}(t),t) = 0$ の解の構造は複雑であるので,「$\lambda_J^{(0)}$ の」といった方がはっきりする. ただし, 定義に関わるのは $\lambda_{J,0}^{(0)}$ のみである.

このようにして導入された (P_J) に対する, あるいは(上のようによりはっきりさせれば) $\lambda_J^{(0)}$ に対する Stokes 幾何学と (SL_J) のそれとの関係を論じるに先立ち, 次の理念的には極めて重大な事実を確かめよう.

命題 4.8 Δ_J に含まれない点において, $x = \lambda_{J,0}^{(0)}(t)$ は (SL_J) の 2 重変わり点である. すなわち,

$$(4.34) \qquad Q_{J,0}(x,t)\Big|_{x=\lambda_{J,0}^{(0)}(t)} = \frac{\partial}{\partial x} Q_{J,0}(x,t)\Big|_{x=\lambda_{J,0}^{(0)}(t)} = 0$$

かつ

$$(4.35) \qquad \frac{\partial^2}{\partial x^2} Q_{J,0}(x,t)\Big|_{x=\lambda_{J,0}^{(0)}(t)} \neq 0$$

が成り立つ.

§4.3 (P_J) の Stokes 幾何学と (SL_J) の Stokes 幾何学 ── 85

[証明] この証明中 $\lambda_{J,0}^{(0)}(t)$ を $\lambda_0(t)$ と略記する．さて，今

(4.36) $$k_J(\lambda, t) = -K_J(\lambda, \nu, t)|_{\nu=0}$$

と定めれば，(4.23)と並行に

(4.37) $$\frac{\partial k_J}{\partial \lambda} = C_J(\lambda, t) F_J(\lambda, t),$$

ただし

(4.38) $$C_{\mathrm{I}} = C_{\mathrm{II}} = 1, \quad C_{\mathrm{III}} = \frac{t}{4\lambda^2}, \quad C_{\mathrm{IV}} = \frac{1}{4\lambda},$$
$$C_{\mathrm{V}} = \frac{t}{2\lambda(\lambda-1)^2}, \quad C_{\mathrm{VI}} = \frac{t(t-1)}{2\lambda(\lambda-1)(\lambda-t)}$$

が成り立ち，しかも

(4.39) $$Q_{J,0}(x, t) = 2C_J(x, t)\{k_J(x, t) - k_J(\lambda_0(t), t)\}$$

が成り立つ．(ここで $\nu_{J,0}^{(0)}$ は恒等的に 0 ゆえ $K_{J,0}$ に影響しないことに注意.)
したがって(4.37)より

(4.40) $$\left.\frac{\partial}{\partial x} Q_{J,0}\right|_{x=\lambda_0(t)} = 2C_J(\lambda_0(t), t) \left.\frac{\partial k_J}{\partial x}\right|_{x=\lambda_0(t)}$$
$$= 2C_J(\lambda_0(t), t)^2 F_J(\lambda_0(t), t).$$

よって $\lambda_0(t)$ の定義により (4.34) が成り立つ．また，(4.39)より

(4.41) $$\left.\frac{\partial^2}{\partial x^2} Q_{J,0}\right|_{x=\lambda_0(t)} = \left\{2\frac{\partial^2 C_J}{\partial x^2}(k_J(x,t) - k_J(\lambda_0(t), t))\right.$$
$$\left.+ 4\frac{\partial C_J}{\partial x}\frac{\partial k_J}{\partial x} + 2C_J \frac{\partial^2 k_J}{\partial x^2}\right\}\Bigg|_{x=\lambda_0(t)}$$
$$= 2C_J^2 \left.\frac{\partial F_J(x,t)}{\partial x}\right|_{x=\lambda_0(t)}$$

であり，今 $t \notin \Delta_J$ ゆえ(4.35)が成り立つ． ∎

この命題は，(SL_J) がモノドロミー保存変形を受けるとき，必然的に2重変わり点が現われることを意味している．換言すれば，第2章，第3章の議論をそのまま今の状況で用いることはできない．正直のところ，最初この状況に気付いたときは，道を誤ったのではないかとかなり苦しんだ．しかし，

これほど自然に現われる退化はやはり何かの数学的な実在の反映に違いあるまい，と気を取り直したのが幸いして，この章に述べる諸事実が見つかってきたのである．

さて，以下の議論では，$x = \lambda_{J,0}^{(0)}(t)$ という2重変わり点はその要となる．その最初の一例として，次の定理を示そう．

定理 4.9

（i） r を $\lambda_J^{(0)}$ の単純変わり点とする．このとき，(SL_J) の変わり点 $a(t)$ であって，$t \neq r$, $|t-r| \ll 1$ では単純であり，$t = r$ で $x = \lambda_{J,0}^{(0)}(t)$ と一致する（したがってそこでは $a(t)$ は単純ではない）ものが存在する．

（ii） 上の（単純）変わり点 $a(t)$ に対し

$$(4.42) \quad \int_{a(t)}^{\lambda_{J,0}^{(0)}(t)} \sqrt{Q_{J,0}(x,t)}\, dx = \frac{1}{2} \int_r^t \sqrt{\frac{\partial F_J}{\partial \lambda}(\lambda_{J,0}^{(0)}(s), s)}\, ds$$

が成立する．

[証明] （i） 点 $t = r$ が $\lambda_J^{(0)}$ の変わり点であるとき，その定義から(4.41)は明らかに0となる．他方，(4.41)と同様の計算により

$$(4.43) \quad \left.\frac{\partial^3}{\partial x^3} Q_{J,0}(x,r)\right|_{x=\lambda_{J,0}^{(0)}(r)} = 2 C_J(\lambda_{J,0}^{(0)}(r), r)^2 \frac{\partial^2 F_J}{\partial x^2}(\lambda_{J,0}^{(0)}(r), r)$$
$$\neq 0$$

が成立する．これは，(4.41)とあわせて，$t \neq r$ では (SL_J) の2重変わり点である $x = \lambda_{J,0}^{(0)}(t)$ が $t = r$ ではちょうど3重の変わり点になることを示している．したがって，$t = r$ ではある単純変わり点がこの2重変わり点に合流している．その単純変わり点を $a(t)$ とすればよい．

（ii）まず，(SL_J) と (D_J) が両立していることの帰結として，

$$(4.44) \quad \frac{\partial Q_J}{\partial t} = A_J \frac{\partial Q_J}{\partial x} + 2\frac{\partial A_J}{\partial x} Q_J - \frac{1}{2}\eta^{-2}\frac{\partial^3 A_J}{\partial x^3}$$

が成り立つことに注意しよう（例えば Fuchs [19]参照）．この関係式を確かめるには，${}^t(\psi, \partial\psi/\partial x) = {}^t(\psi, \chi)$ を未知函数に取り，$(SL_J), (D_J)$ を共に 2×2 の行列形にした上でその交換関係を見ればよい．（(SL_J) の主部が $\partial^2/\partial x^2$ と多重度を持つので，連立系に直した方が見易いのである．）特に，この0次

§4.3 (P_J) の Stokes 幾何学と (SL_J) の Stokes 幾何学 —— 87

部分を取り出すと

(4.45) $$\frac{\partial Q_{J,0}}{\partial t} = A_{J,0}\frac{\partial Q_{J,0}}{\partial x} + 2\frac{\partial A_{J,0}}{\partial x}Q_{J,0}$$

となる．したがって

(4.46) $$\frac{\partial}{\partial t}\left(\sqrt{Q_{J,0}}\right) = \frac{\partial}{\partial x}\left(A_{J,0}\sqrt{Q_{J,0}}\right)$$

が成立する．以下，$Q_{J,0}, A_{J,0}, \lambda_{J,0}^{(0)}$ を各々 Q_0, A_0, λ_0 と略記することとすれば，この(4.46)及び(4.41)より次が従う．

(4.47)
$$\frac{d}{dt}\left(\int_{a(t)}^{\lambda_0(t)} \sqrt{Q_0(x,t)}\,dx\right)$$
$$= \sqrt{Q_0(\lambda_0(t),t)}\frac{d\lambda_0}{dt} - \sqrt{Q_0(a(t),t)}\frac{da}{dt} + \int_{a(t)}^{\lambda_0(t)} \frac{\partial}{\partial t}\left(\sqrt{Q_0(x,t)}\right)dx$$
$$= \int_{a(t)}^{\lambda_0(t)} \frac{\partial}{\partial x}\left(A_0\sqrt{Q_0}\right)dx$$
$$= A_0\sqrt{Q_0}\Big|_{x=\lambda_0(t)}$$
$$= (A_0(x-\lambda_0(t)))|_{x=\lambda_0(t)}C_J(\lambda_0(t),t)\sqrt{\frac{\partial F_J}{\partial \lambda}(\lambda_0(t),t)}.$$

ここで A_0 と C_J の具体的な形を見て

(4.48) $$(A_0(x-\lambda_0))|_{x=\lambda_0(t)}C_J(\lambda_0(t),t) = \frac{1}{2}.$$

他方，$t=r$ では $a(t)$ と $\lambda_0(t)$ は合流するから，$\int_{a(t)}^{\lambda_0(t)}\sqrt{Q_0}\,dx$ は $t=r$ で 0．したがって，(4.47)の両辺を $t=r$ から積分して，求める関係式(4.42)を得る． ∎

系 4.10 t を $\lambda_J^{(0)}$ の Stokes 曲線上の点(変わり点ではないとしておく)とするとき，$x=a(t)$ と $x=\lambda_{J,0}^{(0)}(t)$ を結ぶ (SL_J) の Stokes 曲線が存在する．

[証明] (4.42)の両辺の虚部を取れば，Stokes 曲線の定義から直ちにわかる． ∎

例 4.11 (P_I) 及び (SL_I) の場合,
$$Q_{I,0} = 4(x-\lambda_0)^2(x+2\lambda_0), \quad \lambda_0 = \sqrt{-t/6}$$
となるので, 系 4.10 の状況を図示すると図 4.2 のようになる. □

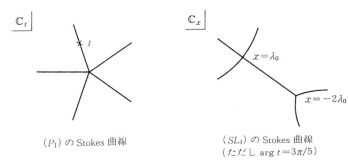

(P_I) の Stokes 曲線　　(SL_I) の Stokes 曲線
　　　　　　　　　　　　（ただし $\arg t = 3\pi/5$）

図 4.2 (P_I) の Stokes 幾何学と (SL_I) の Stokes 幾何学.

注意 4.12

(4.49) $$\phi_J(t) = \int_r^t \sqrt{\frac{\partial F_J}{\partial \lambda}(\lambda_{J,0}^{(0)}(s), s)}\, ds$$

と定めるとき, (P_J) の形式解であって次の形の展開を持つものが存在することは比較的容易に示し得る（[25]参照）. この形式解は, $\lambda_J^{(0)}$ の Borel 変換像の特異点の位置に関し示唆的である（第 5 節参照）.

(4.50) $$\lambda = \lambda_J^{(0)} + \exp(-\phi_J(t)\eta)\lambda^{(1)} + \exp(-2\phi_J(t)\eta)\lambda^{(2)} + \cdots,$$

ここで

(4.51) $$\lambda^{(j)} = \sum_{k \geq 0} \lambda_k^{(j)}(t)\eta^{-k-j/2}$$

であり, しかも $\lambda^{(j)} (j \geq 2)$ は $\lambda_J^{(0)}$ と $\lambda^{(1)}$ から一意的に定まる.（ただし $\lambda^{(1)}$ は自由パラメータを含む.）この種の解をインスタントン解 (instanton-type solution), また $\exp(-k\phi_J\eta)\lambda^{(k)}$ を $(-k)$-インスタントン項と呼ぶことがある. これをさらに一般化した解を構成することが次節の目標である.

なお, $\varphi = \exp(-\phi_J(t)\eta)\lambda^{(1)}$ と定めるとき, φ は (P_J) の $\lambda = \lambda_J^{(0)}$ での Fréchet 微分として得られる線形方程式の解であることもわかっている. 例えば, $J = VI$ の場合にその方程式を具体的に書き下せば, 次のようになる.

§4.3 (P_J) の Stokes 幾何学と (SL_J) の Stokes 幾何学 —— 89

$$
(4.52) \quad \frac{d^2\varphi}{dt^2} = \left\{ \left(\frac{1}{\lambda_{\mathrm{VI}}^{(0)}} + \frac{1}{\lambda_{\mathrm{VI}}^{(0)}-1} + \frac{1}{\lambda_{\mathrm{VI}}^{(0)}-t} \right) \frac{d\lambda_{\mathrm{VI}}^{(0)}}{dt} \right.
$$
$$
- \left(\frac{1}{t} + \frac{1}{t-1} + \frac{1}{\lambda_{\mathrm{VI}}^{(0)}-t} \right) \right\} \frac{d\varphi}{dt}
$$
$$
+ \eta^2 \left\{ \frac{\partial F_{\mathrm{VI}}}{\partial \lambda}(\lambda_{\mathrm{VI}}^{(0)}, t) + R \right\} \varphi.
$$

(ただし R は η に関し高々 (-2) 次の項の和.) 第 2 章注意 2.3 で述べたように, 未知函数の変換 (2.13) を施せば, 方程式 (4.52) はポテンシャルが

$$
(4.53) \quad \eta^2 \left\{ \frac{\partial F_{\mathrm{VI}}}{\partial \lambda}(\lambda_{\mathrm{VI}}^{(0)}, t) + R \right\} + \frac{1}{4} \left(\frac{d}{dt} \log \frac{t(t-1)}{\lambda_{\mathrm{VI}}^{(0)}(\lambda_{\mathrm{VI}}^{(0)}-1)(\lambda_{\mathrm{VI}}^{(0)}-t)} \right)^2
$$
$$
+ \frac{1}{2} \frac{d^2}{dt^2} \log \left(\frac{t(t-1)}{\lambda_{\mathrm{VI}}^{(0)}(\lambda_{\mathrm{VI}}^{(0)}-1)(\lambda_{\mathrm{VI}}^{(0)}-t)} \right)
$$

で与えられる 1 階項を含まない Schrödinger 方程式に変換されるが, この方程式と定義 4.5 とは整合的である. (すなわち, その変わり点と Stokes 曲線は (P_{VI}) のそれと一致する.)

注意 4.13 $\pm\sqrt{Q_{J,0}}$ は (SL_J) に付随する Riccati 方程式の解 S の最高次の係数である. この事実に対応して, (4.46) はより詳しい関係式

$$
(4.54) \quad \frac{\partial S}{\partial t} = \frac{\partial}{\partial x}\left(A_J S - \frac{1}{2} \frac{\partial A_J}{\partial x} \right)
$$

の最高次の部分を取り出したものとも見なせる. (4.54) の証明は (4.44) から比較的簡単に得られるが, ここでは省略する ([26, §1]). なお, (4.54) は

$$
(4.55) \quad \omega_J = S dx + \left(A_J S - \frac{1}{2} \frac{\partial A_J}{\partial x} \right) dt
$$

が閉 1 次型式 (closed 1-form) であることと同義であり, したがって

$$
(4.56) \quad \psi_J = \exp\left(\int^{(x,t)} \omega_J \right)
$$

が well-defined となる. (SL_J) と (D_J) をあわせて考えるとき, 理論的にはこの解が最も自然である.

なお, (4.42) の左辺の被積分函数を S_{odd} とした精密版も知られているが, かなり準備を要するので本書では省略する.

§4.4　2−パラメータ解の構成

本節の目標は，次節及び次々節で行う $\lambda_J^{(0)}(t)$ の解析接続に関する議論を展開するための舞台となる，(P_J) の 2−パラメータ解 $\lambda_J(t;\alpha,\beta)$ を構成することである．

前節の注意 4.12 で触れた 1−パラメータ解(4.50)の構成法（そこでも述べたように，(4.50) の形さえ仮定すればその構成はそれほど難しくない）を強引に推し進めて 2−パラメータ解を作ることもできるのではあるが，その構成法は，例えば対数項のベキ級数がうまく $\sum_{n\geq 0}(\log f)^n/n! = f$ といった具合にまとめられる，という類の計算を種々必要として，解の構造がよく見えない．そこで，ここではいわゆる multiple-scale の方法 (multiple-scale method，詳しくは例えば Bender–Orszag [6, Chap. 11] 参照)を用いて 2−パラメータ解を構成する．正直のところ我々にもまだ multiple-scale の方法の解析学における位置付けは良くわからない．最近，繰り込み群と関連させた研究(Chen–Goldenfeld–Oono [9])が現われ，あるいはそれが正解なのかも知れないとも思われる．（ただ少なくとも現状では，繰り込み群の方法は exact WKB analysis との相性が余り良くないように思われ，それが我々の立場からすれば一つの難点である．）ここでは，（理由は良くわからないが）有用な形式解を作り出す方法として，やや天下り的にその構成法を紹介する．

まず，(P_J) の具体的表示(表 4.5)より，(P_J) は

(4.57) $$\frac{d^2\lambda}{dt^2} = G_J\left(\lambda,\frac{d\lambda}{dt},t\right) + \eta^2 F_J(\lambda,t),$$

ただし

(4.58)　　　　G_J は $\dfrac{d\lambda}{dt}$ に関して高々 2 次の多項式

という構造を持っていることに注意しよう．以下，記述の複雑さを避けるため，議論は $J=\mathrm{I}$ の場合に限ることとするが，以下に述べる計算法がうまく進むためには(4.58)が重要であることだけは注意しておく．（$J=\mathrm{I},\mathrm{II}$ のとき

は $G_J=0$ である.) なお，これも記号の簡単のため $\lambda_{I,0}^{(0)}$ を λ_0 と略記する．

我々は $\eta^{-1/2}$ の形式ベキ級数 Λ を用いて

(4.59) $\quad \lambda = \lambda_0 + \eta^{-1/2}\Lambda, \quad \Lambda = \Lambda_0 + \eta^{-1/2}\Lambda_{1/2} + \eta^{-1}\Lambda_1 + \cdots$

と表わされる (P_J) の解の構成を試みる．ここで，η^{-1} の形式ベキ級数でなく $\eta^{-1/2}$ にした点については，$\lambda_I^{(0)}$ の Borel 変換 $\lambda_{I,B}^{(0)}(t,y)$ の $y=\phi(t)$ での特異性を具体的に調べてこれが必要である（例えば[25]または[39]参照）ことがわかり，また幸いそれで話がうまく進む，という以上の理論的な説明は未だ見つからない．是非はっきりした説明をしたいもの，と願ってはいるのであるが…．なお，Λ_0 を許したことにより $Q_{1/2}$ (すなわちポテンシャル Q で η に関して $(-1/2)$ 次の項)が現われる可能性が生じ，これは WKB 解析の観点からは深刻な点なのであるけれど，(4.37)及び λ_0 の定義方程式 $F_I(\lambda_0,t)=0$ により $Q_{1/2}=0$ が成り立っていることを念のため注意しておこう．

さて，multiple-scale の方法とは，(4.50)を背景にして言えば，最終的には $\tau=\phi(t)\eta$ $(\phi(t)=\int_0^t \sqrt{12\lambda_0}\,ds)$ と置くべき新たな変数 τ を導入して，$\tau=\phi(t)\eta$ なる条件の下で (P_I) の解となる函数 $\lambda_0 + \eta^{-1/2}L(t,\tau,\eta)$ を構成するものである．その際，我々は (P_I) の解としては τ に関する性質の「良い」もののみを拾い出す．ここで，τ は最終的には $\phi(t)\eta$ と置かれるので，τ に関する良い性質とは $|\tau| \gg |t|$ での L の性質に他ならない．我々は L も Λ と同じく $\eta^{-1/2}$ の形式ベキ級数として構成したいだから，別の言葉で言えば，これは $|\tau|$ が十分大きな領域で意味を持つ漸近展開を求めたい，ということになる．今述べたことがどのような解析的な言葉で捉えられるかを論じることから議論を始めよう．

まず，(P_I) より Λ に関する方程式は

(4.60) $\quad \dfrac{d^2\lambda_0}{dt^2} + \eta^{-1/2}\dfrac{d^2\Lambda}{dt^2} = \eta^2(12\lambda_0\eta^{-1/2}\Lambda + 6(\eta^{-1/2}\Lambda)^2)$

となる．他方，もし Λ が $L(t,\tau,\eta)|_{\tau=\phi\eta}$ の形で与えられるとすれば，

(4.61) $\quad \dfrac{d\Lambda}{dt} = \left[\left(\dfrac{\partial}{\partial t} + \phi'(t)\eta\dfrac{\partial}{\partial \tau}\right)L(t,\tau,\eta)\right]\bigg|_{\tau=\phi\eta},$

(4.62)
$$\frac{d^2 \Lambda}{dt^2} = \left[\left(\frac{\partial^2}{\partial t^2} + 2\phi'\eta\frac{\partial^2}{\partial t\partial \tau} + \phi'^2\eta^2\frac{\partial^2}{\partial \tau^2} + \phi''\eta\frac{\partial}{\partial \tau}\right) L(t,\tau,\eta)\right]\bigg|_{\tau=\phi\eta}.$$

ここで $\phi'(t) = d\phi/dt = \sqrt{12\lambda_0}$ であることを思い出しておこう. (4.61), (4.62) で注意すべきは, τ-微分により η が係数にかかってくることである. この余分の η を考慮して, L に要請するのが適当な関係式は

$$\left(\eta^2\phi'^2\frac{\partial^2}{\partial \tau^2} + 2\eta\phi'\frac{\partial^2}{\partial t\partial \tau} + \eta\phi''\frac{\partial}{\partial \tau} + \frac{\partial^2}{\partial t^2}\right)L - \eta^2\phi'^2 L$$
$$= 6\eta^{3/2}L^2 - \eta^{1/2}\lambda_0'',$$

すなわち

(4.63) $\left(\dfrac{\partial^2}{\partial \tau^2} - 1\right)L = \eta^{-1/2}(6\phi'^{-2}L^2) - \eta^{-1}\left(2\phi'^{-1}\dfrac{\partial^2 L}{\partial t\partial \tau} + \phi''\phi'^{-2}\dfrac{\partial L}{\partial \tau}\right)$

$$-\eta^{-3/2}\phi'^{-2}\lambda_0'' - \eta^{-2}\phi'^{-2}\frac{\partial^2 L}{\partial t^2}.$$

ここで L が次の形の展開を持つと仮定しよう.

(4.64) $\qquad L = L_0(t,\tau) + \eta^{-1/2}L_{1/2}(t,\tau) + \eta^{-1}L_1(t,\tau) + \cdots.$

この展開を (4.63) に代入して η の次数が等しい項を見ることにより, 次の式を得る.

(4.65) $\left(\dfrac{\partial^2}{\partial \tau^2} - 1\right)L_0 = 0,$

(4.66) $\left(\dfrac{\partial^2}{\partial \tau^2} - 1\right)L_{1/2} = 6\phi'^{-2}L_0^2,$

(4.67) $\left(\dfrac{\partial^2}{\partial \tau^2} - 1\right)L_1 = 12\phi'^{-2}L_0 L_{1/2} - 2\phi'^{-1}\dfrac{\partial^2 L_0}{\partial t\partial \tau} - \phi''\phi'^{-2}\dfrac{\partial L_0}{\partial \tau}.$

以下, 順次 $(\partial^2/\partial \tau^2 - 1)L_{k/2}$ が $L_{l/2}$ ($l \leq k-1$) によって表わされることは見易いであろう. その具体的な表示式は次の通り.

(4.68)
$$\left(\frac{\partial^2}{\partial \tau^2} - 1\right)L_{k/2} = 6\phi'^{-2}\sum_{\substack{l+m=k-1 \\ l,m \geq 0}} L_{l/2}L_{m/2} - 2\phi'^{-1}\frac{\partial^2 L_{(k-2)/2}}{\partial t\partial \tau}$$

$$-\phi''\phi'^{-2}\frac{\partial L_{(k-2)/2}}{\partial \tau} - \phi'^{-2}\lambda_0''\delta_{k\frac{3}{2}} - \phi'^{-2}\frac{\partial^2 L_{(k-4)/2}}{\partial t^2}.$$

(ただし δ_{kl} は Kronecker のデルタ.) こうして得られた一連の関係式(4.65), (4.66), … を, $L_{k/2}$ を未知函数とする τ に関する微分方程式と見なして, 以下順に解いていく. まず, (4.65)より

(4.69) $\qquad L_0(t,\tau) = a_1^{(0)}(t)\exp\tau + a_{-1}^{(0)}(t)\exp(-\tau).$

ここで $a_{\pm 1}^{(0)}$ は t の任意函数であるが, multiple-scale の方法の要綱は, 後に自然に現われるある要請に基づいてこの任意性を定数の任意性にまで減じる点にある. 次に, この L_0 の表示を(4.66)の右辺に代入し, さらに

(4.70) $\qquad L_{k/2}(k:\text{奇数})$ は $a_{\pm 2l}^{(k)}(t)\exp(\pm 2l\tau)$ の形の項しか含まない

を仮定すると(これなしでも議論は進むけれど, この仮定(4.70)は, 結果から言うと, 単に計算を簡単にするためと言うよりは結果がきれいになるためにちょうど良い程度の条件と思われる), $L_{1/2}$ は一意に定まって

(4.71) $\quad L_{1/2} = 2\phi'^{-2}a_1^{(0)2}\exp(2\tau) - 12\phi'^{-2}a_1^{(0)}a_{-1}^{(0)} + 2\phi'^{-2}a_{-1}^{(0)2}\exp(-2\tau).$

ここで仮定(4.70)により, $\exp(\pm\tau)$ の係数として現われ得る新しい任意函数 $a_{\pm 1}^{(1/2)}(t)$ は 0 と取っている. そして次に, (4.69), (4.71)を(4.67)の右辺に代入する. このとき, (4.69)を(4.66)の右辺に代入したときとの著しい差異は, $a_{\pm}(t)\exp(\pm\tau)$ という形の項が現われることである. もちろん,

$$\left(\frac{\partial^2}{\partial \tau^2} - 1\right)(b_\pm(t)\tau\exp(\pm\tau)) = \pm 2b_\pm(t)\exp(\pm\tau)$$

ゆえ, $L_1(t,\tau)$ が $b_\pm(t)\tau\exp(\pm\tau)$ という形の項を含むことを許容すれば, $L_1(t,\tau)$ を $L_{1/2}(t,\tau)$ と同様にして構成することは可能である. しかしながら, 我々は最終的には $\tau = \phi(t)\eta$ と置くことにしている. すると, 係数に含まれる τ は 1 次の量で, 仮定(4.64)から(4.59)という展開は得られなくなる. (Borel 変換の定義においても観察されるように, $\exp(\phi(t)\eta)$ は η の次数とは無縁な, 強いて言えば η の次数に関するベキ展開においては 0 次の量と見ていることに注意.) したがって, 我々はここで**永年条件**(non-secularity condition），すなわち $|\tau|\gg 1$ で状況が悪くならないための条件，として

(4.72) $$a_\pm(t) = 0$$

を課すこととする．この条件を具体的に $a_{\pm 1}^{(0)}(t)$ に対する条件として書き下せば次のようになる．

(4.73) $$120\phi'^{-4}a_1^{(0)2}a_{-1}^{(0)} + 2\phi'^{-1}\frac{da_1^{(0)}}{dt} + \phi''\phi'^{-2}a_1^{(0)} = 0,$$

(4.74) $$-120\phi'^{-4}a_1^{(0)}a_{-1}^{(0)2} + 2\phi'^{-1}\frac{da_{-1}^{(0)}}{dt} + \phi''\phi'^{-2}a_{-1}^{(0)} = 0.$$

これは連立の非線形方程式であるが，次のようにすれば簡単に $a_{\pm 1}^{(0)}(t)$ を求めることができる；まず，$(4.73)\times a_{-1}^{(0)} + (4.74)\times a_1^{(0)}$ を考えて

(4.75) $$2\phi'^{-1}\frac{d}{dt}\left(a_1^{(0)}a_{-1}^{(0)}\right) + 2\phi''\phi'^{-2}a_1^{(0)}a_{-1}^{(0)} = 0$$

を得る．したがって，適当な定数 c が存在して

(4.76) $$a_1^{(0)}a_{-1}^{(0)} = c\phi'^{-1}$$

が成り立つ．これを $(4.73), (4.74)$ に代入して

(4.77) $$\frac{da_1^{(0)}}{dt} + \left(\frac{\phi''}{2\phi'} + \frac{60c}{\phi'^4}\right)a_1^{(0)} = 0,$$

(4.78) $$\frac{da_{-1}^{(0)}}{dt} + \left(\frac{\phi''}{2\phi'} - \frac{60c}{\phi'^4}\right)a_{-1}^{(0)} = 0.$$

ここで $\phi' = \sqrt{12\lambda_0}$，$6\lambda_0^2 + t = 0$ ゆえ，$\phi'^{-4} = (12\lambda_0)^{-2} = -\lambda_0'(12\lambda_0)^{-1}$．よって $(4.77), (4.78)$ を解けば，適当な定数 α_0, β_0 を用いて

(4.79) $$a_1^{(0)} = \alpha_0 \frac{1}{\sqrt[4]{12\lambda_0}} \lambda_0^{5c},$$

(4.80) $$a_{-1}^{(0)} = \beta_0 \frac{1}{\sqrt[4]{12\lambda_0}} \lambda_0^{-5c}$$

を得る．ここで (4.76) より

(4.81) $$\alpha_0\beta_0 = c.$$

この条件の下で，ここで求めた $a_{\pm 1}^{(0)}(t)$ が $(4.73), (4.74)$ を満たすことは直ちにわかる．（なお，以上の計算は $\lambda_0 = \pm\sqrt{-t/6}$ を代入した方が多少簡単

になるが，ここでは一般の (P_J) の場合の計算を念頭に置いて，できる限り ϕ'，あるいは λ_0 のままで話を進めた.）このように，永年条件を課すことにより，L_0 を定数の自由度のみを残して定めることができた.

さて，永年条件により (4.67) の右辺は $a_\pm \exp(\pm\tau)$ という形の項を含まないが，L_1 自身は $a_{\pm 1}^{(1)}(t)\exp(\pm\tau)$ という自由度の大きい項を含み得る．仮定 (4.70) により，$L_{3/2}$ の決定は $L_{1/2}$ の場合と同様に問題なく遂行できる．ここで，L_2 の決定方程式 (4.68) ($k=4$) に対し再び永年条件，すなわち，(4.68) の右辺に $a_\pm(t)\exp(\pm\tau)$ という形の項（± 1-インスタントン項）は現われないことを要請する．このとき，$a_{\pm 1}^{(1)}(t)$ が $a_\pm(t)$ にどのように関係しているかをまず調べておこう．今度は $a_{\pm 1}^{(0)}(t)$ の決定の場合と異なり，(4.68) から明らかなように，$a_\pm(t)$ は $a_{\pm 1}^{(1)}(t)$ に関し線形である．ただ，$a_+(t)$ に

$$(L_{1/2} \text{ の 2-インスタントン項}) \times a_{-1}^{(1)}(\times 12\phi'^{-2}),$$

あるいは

$$(L_{3/2} \text{ の 0-インスタントン項}) \times a_1^{(0)}(\times 12\phi'^{-2})$$

という形の寄与があって，これらはいずれも，${a_1^{(0)}}^2 a_{-1}^{(1)}$ なる因子を持つ項を含む．もちろん $a_1^{(1)}$ が $a_+(t)$ に関係してくることは当然であるが，こちらは $-2\phi'^{-1}{a_1^{(1)}}' - \phi''\phi'^{-2}a_1^{(1)}$ を別として，常に $a_1^{(0)}a_{-1}^{(0)}a_1^{(1)} = c\phi'^{-1}a_1^{(1)}$ の形で $a_+(t)$ に関わってくる．そこで，

(4.82) $$a_{\pm 1}^{(1)}(t) = \lambda_0^{\pm 5c}\tilde{a}_{\pm 1}^{(1)}(t) \qquad (c = \alpha_0\beta_0)$$

として $\tilde{a}_{\pm 1}^{(1)}(t)$ に対する条件として永年条件を書き下すと，式が比較的簡明になる．その形は次の通り．

(4.83) $$\left(\frac{d}{dt} + \frac{\phi''}{2\phi'} - \frac{5\lambda_0'}{\lambda_0}\begin{pmatrix} \alpha_0\beta_0 & \alpha_0^2 \\ -\beta_0^2 & -\alpha_0\beta_0 \end{pmatrix}\right)\begin{pmatrix} \tilde{a}_{+1}^{(1)}(t) \\ \tilde{a}_{-1}^{(1)}(t) \end{pmatrix} = \begin{pmatrix} R_+ \\ R_- \end{pmatrix},$$

ただし，$R_\pm$ は λ_0 及び $a_{\pm 1}^{(0)}(t)$ により定まる函数．今，$\phi' = \sqrt{12\lambda_0}$，$6\lambda_0^2 + t = 0$ に注意すれば，(4.83) は $t=0$ で確定特異点型の方程式であり，多価解析解としては常に解を持つ．では，$\tilde{a}_{\pm 1}^{(1)}(t)$ の自由度はどれだけあるかが問題であるが，今回は線形方程式ゆえ簡単であり，(4.83) において $R_\pm = 0$ としたときの解空間の構造を調べればよい．すなわち，次の方程式の解空間を調べればよい．

$$\text{(4.84)} \qquad \left(t\frac{d}{dt} + \frac{1}{8} - \frac{5}{2} \begin{pmatrix} \alpha_0\beta_0 & \alpha_0^2 \\ -\beta_0^2 & -\alpha_0\beta_0 \end{pmatrix} \right) \begin{pmatrix} u \\ v \end{pmatrix} = 0.$$

この方程式の特性多項式(indicial polynomial)は $(\theta+1/8)^2$ であるから，(4.84) の解は適当な定数 $(\alpha_1, \beta_1; \tilde{\alpha}_1, \tilde{\beta}_1)$ を用いて

$$\text{(4.85)} \qquad \begin{pmatrix} \tilde{\alpha}_1 \log t + \alpha_1 \\ \tilde{\beta}_1 \log t + \beta_1 \end{pmatrix} t^{-1/8}$$

と表わされる．ここで，(4.85)を(4.84)に代入して $t^{-1/8} \log t$ の係数を見れば，

$$\text{(4.86)} \qquad \alpha_0 \tilde{\beta}_1 + \beta_0 \tilde{\alpha}_1 = 0$$

を得る．したがって，$(\alpha_0, \beta_0) \neq 0$ とすれば

$$\text{(4.87)} \qquad \tilde{\alpha}_1 = A\alpha_0, \qquad \tilde{\beta}_1 = -A\beta_0$$

となる定数 A が存在する．さらに，$t^{-1/8}$ の係数を比べて

$$\text{(4.88)} \qquad A = \frac{5}{2}(\alpha_0\beta_1 + \alpha_1\beta_0).$$

このようにして，L_1 もまた自由パラメータ (α_1, β_1) を含むことがわかる．この状況はどの $L_{2k/2}$ $(k \geq 2)$ についても同じで，結局 $(\sum_{j \geq 0} \alpha_j \eta^{-j}, \sum_{j \geq 0} \beta_j \eta^{-j})$ という(t に依存しない) η の形式ベキ級数をパラメータとして含む (P_I) の解を次の形で得ることができる．

$$\text{(4.89)} \qquad \lambda(t; \alpha, \beta) = \lambda_0 + \eta^{-1/2} \Lambda(t; \alpha, \beta)$$
$$= \lambda_0 + \eta^{-1/2} \sum_{j \geq 0} \eta^{-j/2} \Lambda_{j/2},$$

ただし

$$\text{(4.90)} \qquad \Lambda_{j/2} = \sum_{k=0}^{j+1} a_{2k-j-1}^{(j/2)}(t) \exp((2k-j-1)\phi(t)\eta).$$

なお，このようにして構成された形式解の解析的意味付けは今後に残された重要な課題であるが，$\Lambda_{j/2}$ が(4.90)のように有限和で表わされるから，η のベキに注目して掛け算などの代数的操作を行うことには何の問題もないことを念のため注意しておく．

表 **4.6** $(H_\mathrm{I}), (H_\mathrm{II})$ の 2-パラメータ(インスタントン)解の最初の 3 項.

[(H_I) の場合] (ただし, $e^\Phi = \lambda_0^{5\alpha_0\beta_0} \exp(\phi_\mathrm{I}\eta)$.)

$$\Lambda_0 = (12\lambda_0)^{-1/4}(\alpha_0 e^\Phi + \beta_0 e^{-\Phi}),$$

$$\Lambda_{1/2} = 2(12\lambda_0)^{-3/2}(\alpha_0^2 e^{2\Phi} - 6\alpha_0\beta_0 + \beta_0^2 e^{-2\Phi}),$$

$$\Lambda_1 = (12\lambda_0)^{-11/4}\left[3\alpha_0^3 e^{3\Phi} + \left(-\frac{15}{4}\alpha_0 + 22\alpha_0^2\beta_0 - 282\alpha_0^3\beta_0^2\right)e^\Phi \right.$$
$$\left. + \left(\frac{15}{4}\beta_0 + 22\alpha_0\beta_0^2 + 282\alpha_0^2\beta_0^3\right)e^{-\Phi} + 3\beta_0^3 e^{-3\Phi}\right],$$

$$\mathcal{N}_0 = (12\lambda_0)^{1/4}(\alpha_0 e^\Phi - \beta_0 e^{-\Phi}),$$

$$\mathcal{N}_{1/2} = (12\lambda_0)^{-1}(4\alpha_0^2 e^{2\Phi} - 1 - 4\beta_0^2 e^{-2\Phi}),$$

$$\mathcal{N}_1 = (12\lambda_0)^{-9/4}\left[9\alpha_0^3 e^{3\Phi} + \left(-\frac{3}{4}\alpha_0 - 38\alpha_0^2\beta_0 - 282\alpha_0^3\beta_0^2\right)e^\Phi \right.$$
$$\left. + \left(-\frac{3}{4}\beta_0 + 38\alpha_0\beta_0^2 - 282\alpha_0^2\beta_0^3\right)e^{-\Phi} - 9\beta_0^3 e^{-3\Phi}\right].$$

[(H_II) の場合] (ただし, $\Delta = 6\lambda_0^2 + t$, $e^\Phi = (\Delta^5\lambda_0^2)^{\alpha_0\beta_0}\exp(\phi_\mathrm{II}\eta)$.)

$$\Lambda_0 = \Delta^{-1/4}(\alpha_0 e^\Phi + \beta_0 e^{-\Phi}),$$

$$\Lambda_{1/2} = 2\lambda_0 \Delta^{-3/2}(\alpha_0^2 e^{2\Phi} - 6\alpha_0\beta_0 + \beta_0^2 e^{-2\Phi}),$$

$$\Lambda_1 = \Delta^{-7/4}\left[\alpha_0^3\left(\frac{1}{4} + 3\frac{\lambda_0^2}{\Delta}\right)e^{3\Phi}\right.$$
$$+ \left\{\left(\frac{5}{48} - \frac{3}{2}\alpha_0\beta_0 + \frac{17}{2}\alpha_0^2\beta_0^2\right) + \left(-\frac{49}{12} + 22\alpha_0\beta_0 - 266\alpha_0^2\beta_0^2\right)\frac{\lambda_0^2}{\Delta}\right.$$
$$\left.+ \left(-\frac{4}{3} + 64\alpha_0^2\beta_0^2\right)\left(\frac{\lambda_0^2}{\Delta}\right)^2\left(1 - 4\frac{\lambda_0^2}{\Delta}\right)^{-1}\right\}\alpha_0 e^\Phi$$
$$+ \left\{\left(-\frac{5}{48} - \frac{3}{2}\alpha_0\beta_0 - \frac{17}{2}\alpha_0^2\beta_0^2\right) + \left(\frac{49}{12} + 22\alpha_0\beta_0 + 266\alpha_0^2\beta_0^2\right)\frac{\lambda_0^2}{\Delta}\right.$$
$$\left.+ \left(\frac{4}{3} - 64\alpha_0^2\beta_0^2\right)\left(\frac{\lambda_0^2}{\Delta}\right)^2\left(1 - 4\frac{\lambda_0^2}{\Delta}\right)^{-1}\right\}\beta_0 e^{-\Phi}$$
$$\left.+ \beta_0^3\left(\frac{1}{4} + 3\frac{\lambda_0^2}{\Delta}\right)e^{-3\Phi}\right],$$

$$\mathcal{N}_0 = \Delta^{1/4}(\alpha_0 e^\Phi - \beta_0 e^{-\Phi}),$$

$$\mathcal{N}_{1/2} = \lambda_0 \Delta^{-1}(4\alpha_0^2 e^{2\Phi} - 1 - 4\beta_0^2 e^{-2\Phi}),$$

$$\mathcal{N}_1 = \Delta^{-5/4} \Big[\alpha_0^3 \Big(\frac{3}{4} + 9 \frac{\lambda_0^2}{\Delta} \Big) e^{3\Phi}$$
$$+ \Big\{ \Big(-\frac{7}{48} + \frac{3}{2} \alpha_0 \beta_0 + \frac{17}{2} \alpha_0^2 \beta_0^2 \Big) + \Big(-\frac{13}{12} - 38 \alpha_0 \beta_0 - 266 \alpha_0^2 \beta_0^2 \Big) \frac{\lambda_0^2}{\Delta}$$
$$+ \Big(-\frac{4}{3} + 64 \alpha_0^2 \beta_0^2 \Big) \Big(\frac{\lambda_0^2}{\Delta} \Big)^2 \Big(1 - 4 \frac{\lambda_0^2}{\Delta} \Big)^{-1} \Big\} \alpha_0 e^{\Phi}$$
$$+ \Big\{ \Big(-\frac{7}{48} - \frac{3}{2} \alpha_0 \beta_0 + \frac{17}{2} \alpha_0^2 \beta_0^2 \Big) + \Big(-\frac{13}{12} + 38 \alpha_0 \beta_0 - 266 \alpha_0^2 \beta_0^2 \Big) \frac{\lambda_0^2}{\Delta}$$
$$+ \Big(-\frac{4}{3} + 64 \alpha_0^2 \beta_0^2 \Big) \Big(\frac{\lambda_0^2}{\Delta} \Big)^2 \Big(1 - 4 \frac{\lambda_0^2}{\Delta} \Big)^{-1} \Big\} \beta_0 e^{-\Phi}$$
$$+ \beta_0^3 \Big(-\frac{3}{4} - 9 \frac{\lambda_0^2}{\Delta} \Big) e^{-3\Phi} \Big].$$

注意 4.14 (4.68) より明らかなように,すべての α_j, β_j が 0 であるならば,すなわち $\lambda(t; 0, 0)$ には,インスタントン項は含まれない.したがって,$\lambda(t; 0, 0)$ は (P_I) の解であって,しかも $\sum_{j \geq 0} \lambda_{j/2}(t) \eta^{-j/2}$ なる η に関する形式ベキ級数である.よって $\lambda(t; 0, 0) = \lambda^{(0)}(t)$ が成立する.すなわち,本節で構成した 2-パラメータ解 $\lambda(t; \alpha, \beta)$ において $\alpha = \beta = 0$ とすれば,先の第 2 節で構成した 0-パラメータ解が得られる.また,同様に考えれば,α か β のいずれか一方を 0 とすれば,第 3 節注意 4.12 で述べた 1-パラメータのインスタントン解が得られることも明らかであろう.

本節では (P_I) に限定して話を進めてきたが,一般の (P_J) についても議論は同様である.また,ここでは (P_I) の解 λ の構成のみ論じたが,(H_I) を経由して λ から ν を定めることは容易である.表 4.6 に,$(H_\mathrm{I}), (H_\mathrm{II})$ の場合について Λ 及び $\mathcal{N} = \eta^{1/2} \nu = \sum_{j \geq 0} \eta^{-j/2} \mathcal{N}_{j/2}$ の各々最初の 3 項を与えておこう.(ただし,簡単のため $\alpha_1 = \beta_1 = 0$ の場合のみとしておく.)

§4.5　$\lambda_{\mathrm{I}}^{(0)}$ の接続公式

前節では，multiple-scale の方法を用いて (P_J) の 2–パラメータ解 $\lambda_J(t;\alpha,\beta)$ を構成した．こうした 2–パラメータ解 $\lambda_J(t;\alpha,\beta)$ は，第 2 節で論じた 0–パラメータ解 $\lambda_J^{(0)}$ の Stokes 曲線を越えての解析接続を考える際に自然に現われる．本節では，(P_I) の場合にこの状況を可能な限り詳しく解析し，$\lambda_\mathrm{I}^{(0)}$ に対する接続公式を具体的に書き下すことを目標とする．鍵となるのは，(P_I) が (SL_I) のモノドロミー保存変形を記述する方程式であるという事実である．なお，一般の (P_J) については，本節の結果(すなわち $\lambda_\mathrm{I}^{(0)}$ の接続公式)と次節で紹介する $\lambda_J(t;\alpha,\beta)$ の構造定理とを組み合わせて $\lambda_J^{(0)}$ の接続公式を得る，というのが我々の基本方針である．これに関しては次節を参照されたい．

最初に，前節までに得られた結果を踏まえて，$\lambda_\mathrm{I}^{(0)}$ の解析接続に関して Borel 総和法(すなわち exact WKB analysis)の立場からはどの程度のことが言えるかをやや概説的に論じることから本節の議論を始めよう(詳しくは [25] または [39] を参照)．まず，方程式 (P_I) と同値な Hamilton 系 (H_I) の具体形を思い出そう．

$$(4.91) \quad \begin{cases} \dfrac{d\lambda}{dt} = \eta\nu, \\ \dfrac{d\nu}{dt} = \eta(6\lambda^2 + t). \end{cases}$$

特に $F_\mathrm{I}(\lambda,t) = F_\mathrm{I}^\dagger(\lambda,t) = 6\lambda^2 + t$ である．したがって，この場合，第 2 節定理 4.3 で論じられた (4.91) の形式ベキ級数解 $(\lambda_\mathrm{I}^{(0)}, \nu_\mathrm{I}^{(0)})$ は次の形を持つ．

$$(4.92) \quad \begin{cases} \lambda_\mathrm{I}^{(0)} = \lambda_0(t) + \eta^{-2}\lambda_2(t) + \eta^{-4}\lambda_4(t) + \cdots, \\ \nu_\mathrm{I}^{(0)} = \eta^{-1}\dfrac{d\lambda_\mathrm{I}^{(0)}}{dt} = \eta^{-1}\nu_1(t) + \eta^{-3}\nu_3(t) + \cdots, \end{cases}$$

ただし

$$(4.93) \quad \lambda_{2j}(t) = c_j \left(-\dfrac{t}{6}\right)^{(1-5j)/2},$$

$$(4.94) \qquad \nu_{2j+1}(t) = \frac{d\lambda_{2j}}{dt}(t)$$

($j = 0, 1, 2, \cdots$)であり,また$\{c_j\}_{j=0,1,\cdots}$は次の漸化式により定まる定数列である.

$$(4.95) \quad \begin{cases} c_0 = 1, \quad c_1 = -\dfrac{1}{12^3}, \quad c_2 = -\dfrac{49}{2 \cdot 12^6}, \\ c_j = \dfrac{25}{12^3}(j-1)^2 c_{j-1} - \dfrac{1}{2} \sum_{\substack{k+l=j \\ k,l \geq 2}} c_k c_l \qquad (j \geq 3). \end{cases}$$

この漸化式(4.95)より(P_I)の形式ベキ級数解$\lambda_\mathrm{I}^{(0)}$が発散することは見易い.そこで我々は$\lambda_\mathrm{I}^{(0)}$のBorel和を考える.第2章で論じたSchrödinger方程式の場合と同様,$\lambda_\mathrm{I}^{(0)}$のBorel和がStokes曲線を越えて解析接続されるときどのような変化を受けるかを調べるのが最も重要な問題であるが,Schrödinger方程式のWKB解に対する接続公式を求めた第2章(とりわけAiry型の方程式を具体的に考察した第2章第2節)の議論や結果からも容易に推察されるように,$\lambda_\mathrm{I}^{(0)}$のBorel変換$\lambda_{\mathrm{I},B}^{(0)}(t,y)$の(1つの)特異点の位置を$y = \phi(t)$とすれば,Stokes曲線は$\Im \phi(t) = 0$という関係式により与えられ,しかもそのStokes曲線上で$\lambda_\mathrm{I}^{(0)}$のBorel和は

$$(4.96) \quad \lambda_\mathrm{I}^{(0)} \longrightarrow \lambda_\mathrm{I}^{(0)} + \exp(-\phi(t)\eta)\lambda_\mathrm{I}^{(1)} + \exp(-2\phi(t)\eta)\lambda_\mathrm{I}^{(2)} + \cdots$$

(ただし,各$\lambda_\mathrm{I}^{(n)}$は(4.51)の形を持つη^{-1}の形式級数)という形の接続公式を満たすはずである.ここで,(P_I)は非線形方程式であるがゆえに(具体的には,(P_I)が$6\lambda^2$という非線形項を含むがゆえに),その形式解$\lambda_\mathrm{I}^{(0)}$のBorel変換$\lambda_{\mathrm{I},B}^{(0)}(t,y)$がある点$y = \phi(t)$で特異性を持てば,$\lambda_{\mathrm{I},B}^{(0)}(t,y)$は同時に$y = n\phi(t)$ (nは任意の整数)という点にも一般には特異性を持つことに注意されたい.(Borel変換は積を合成積に変換するからである.)これが,線形のSchrödinger方程式の場合と異なり,$\lambda_\mathrm{I}^{(0)}$の接続公式(4.96)に無限級数$\sum_{n \geq 0} \exp(-n\phi(t)\eta)\lambda_\mathrm{I}^{(n)}$が現われる理由である.

さて,その(4.96)の右辺の無限級数は,第3節注意4.12で論じたインス

タントン解,すなわち,前節で構成した2-パラメータ解 $\lambda_{\mathrm{I}}(t;\alpha,\beta)$ において
パラメータ α,β のいずれか一方を0とした解,に他ならない.換言すれば,
$\lambda_{\mathrm{I}}^{(0)}$ の Stokes 曲線を越えての解析接続を考えることにより,2-パラメータ解
$\lambda_{\mathrm{I}}(t;\alpha,\beta)$ が自然に現われる.さらに (P_{I})(あるいは (H_{I}))の場合,方程式の
持つ特別な斉次性(すなわち,$\eta \mapsto r\eta,\ \lambda \mapsto r^{-2/5}\lambda,\ \nu \mapsto r^{-3/5}\nu,\ t \mapsto r^{-4/5}t\ (r > 0)$ という斉次変換により方程式(4.91)は不変)及び 0-パラメータ解 $(\lambda_{\mathrm{I}}^{(0)},\nu_{\mathrm{I}}^{(0)})$
が実際にその斉次性を有していることから,(4.96)の右辺のインスタン
トン解も同じ斉次性を持たねばならず,したがって,それは $\lambda_{\mathrm{I}}(t;\alpha,0)$ または
$\lambda_{\mathrm{I}}(t;0,\beta)$(ただし,パラメータは α_0 または β_0 を除いて他はすべて 0)で与え
られねばならない.結局,$\lambda_{\mathrm{I}}^{(0)}$ の満たす接続公式(4.96)を具体的に決定する
ためには,このパラメータ α_0 または β_0 の値さえ決定できればよいというこ
とがわかった.ただ,実際にこのパラメータを決定することはかなり困難な
作業であって,例えば $\lambda_{\mathrm{I},B}^{(0)}(t,y)$ を直接解析することにより(漸化式により定
義される)ある種の数列の極限値という形でならその値を求めることもでき
る([39, Chap. 3]参照)けれども,決してそれは満足できる結果とは言えない.
ところが,(P_{I}) と (SL_{I}) のモノドロミー保存変形との関係を利用すれば,こ
のパラメータの値が具体的に計算できる.本節の残りの部分においては,こ
の興味深い事実を解説することにしよう.

「理論の概要と展望」や本章第1節で述べたように,Painlevé 方程式 (P_J)
は Schrödinger 方程式 (SL_J) のモノドロミー保存変形を記述する方程式であ
る.これは,(P_J)(より正確には,それと同値な Hamilton 系 (H_J))の解析的
な解を (SL_J) の係数に代入すれば,(SL_J) のモノドロミーが不変に保たれる
ことを意味する.この「モノドロミー不変性」は,(P_J) の解の Stokes 曲線
を越えての解析接続を考える際にも成立するはずであり,したがって,それ
は Stokes 曲線を越える前後での (P_J) の解が含むパラメータ達の間にある種
の束縛条件を与えることになる.特に $J=\mathrm{I}$ の場合に,この「モノドロミー
不変性」(この場合は無限遠点における Stokes 係数の不変性に他ならない)の
条件を具体的に書き下すことにより,我々は $\lambda_{\mathrm{I}}^{(0)}$ に対する接続公式を完全に
決定することができるのである.以下では,[39]の議論にならって,(SL_{I})

の Stokes 係数の不変性を保証する条件を具体的に求めてみよう．（なお，紙数の関係もあり，本書では議論の大筋を紹介するにとどめる．詳細については[39, Chap. 4]を参照されたい．）

まず，前節で構成した (H_I) の形式解 $(\lambda_\mathrm{I}(t;\alpha,\beta),\nu_\mathrm{I}(t;\alpha,\beta))$ を (SL_I) の係数に代入する．問題となるのは，こうして得られた線形方程式（やはり同じ (SL_I) という記号で表わす）の無限遠点における Stokes 係数を具体的に計算することであり，そのために我々は第2章で解説した Schrödinger 方程式の WKB 解析，特に WKB 解に対する接続公式（定理 2.23）を利用する．しかし，命題 4.8 で示したように（$\lambda_\mathrm{I}^{(0)}$ も $\lambda_\mathrm{I}(t;\alpha,\beta)$ も，その η に関する最高次の部分は同じであることに注意），(SL_I) は $x = \lambda_{\mathrm{I},0}^{(0)}(t)$（以下，前節同様，本節でも $\lambda_0(t)$ と略記する）に2重変わり点を持ち，この2重変わり点から出る Stokes 曲線については定理 2.23 を適用できない．この2重変わり点 $\lambda_0(t)$ に関しては，定理 4.4 を 2–パラメータ解 $\lambda_\mathrm{I}(t;\alpha,\beta)$ の場合に拡張した次の定理を利用する．

定理 4.15 (SL_J) の係数に $(\lambda_J(t;\alpha,\beta),\nu_J(t;\alpha,\beta))$ を代入するとき，x に依らない形式級数

(4.97) $$E_J(t,\eta) = \sum_{j \geqq 0} E_{j/2}(t,\eta) \eta^{-j/2},$$

(4.98) $$\rho_J(t,\eta) = \sum_{j \geqq 0} \rho_{j/2}(t,\eta) \eta^{-j/2},$$

(4.99) $$\sigma_J(t,\eta) = \sum_{j \geqq 0} \sigma_{j/2}(t,\eta) \eta^{-j/2},$$

及び $x = \lambda_{J,0}^{(0)}(t)$ の近傍 U 上での正則関数列 $\{z_{j/2}(x,t,\eta)\}_{j=0,1,2,\ldots}$ が存在し，次の(i)～(iv)が成立する．

(i) $z_0(x,t,\eta)$ は η に依らず，$\partial z_0/\partial x \neq 0$ を満たす．
(ii) $z_0(\lambda_{J,0}^{(0)}(t),t) = 0$.
(iii) $z_{1/2}$ は恒等的に 0 である．
(iv) $z(x,t,\eta) = \sum_{j \geqq 0} z_{j/2}(x,t,\eta) \eta^{-j/2}$ と定めれば，

$$
(4.100) \quad Q_J(x,t,\eta) = \left(\frac{\partial z}{\partial x}\right)^2 \left[4z^2 + \eta^{-1}E_J + \frac{\eta^{-3/2}\rho_J}{z - \eta^{-1/2}\sigma_J} + \frac{3\eta^{-2}}{4(z - \eta^{-1/2}\sigma_J)^2}\right] - \frac{1}{2}\eta^{-2}\{z;x\}
$$

が成り立つ. □

ここで, 3 つの形式級数 E_J, ρ_J, σ_J は独立ではなく

$$
(4.101) \quad E_J = \rho_J^2 - 4\sigma_J^2
$$

という関係式で結ばれており, 特に E_J は, (SL_J) に付随する Riccati 方程式の解の (一般化された) 奇部分 $S_{\mathrm{odd}}(x,t,\eta)$ ([3, Definition 3.1] 参照) を用いて,

$$
(4.102) \quad E_J = 4 \operatorname*{Res}_{x = \lambda_{J,0}^{(0)}(t)} S_{\mathrm{odd}}(x,t,\eta)
$$

と表わされる. 定理 4.15 及び (4.101), (4.102) の証明については [3, §3] を参照されたい.

注意 4.16 $(\lambda_J^{(0)}, \nu_J^{(0)})$ の場合と同様, 2-パラメータ解 $(\lambda_J(t;\alpha,\beta), \nu_J(t;\alpha,\beta))$ を Q_J, A_J などの含む (λ,ν) に代入したときも注意 4.13 で述べた関係式 (4.54) が成立し, さらにその奇部分を取り出すと, 次の S_{odd} に関する「変形方程式」が得られる ([3, §2]).

$$
(4.103) \quad \frac{\partial S_{\mathrm{odd}}}{\partial t} = \frac{\partial}{\partial x}(A_J S_{\mathrm{odd}}).
$$

この (4.103) 及び上述の E_J の表示式 (4.102) より, E_J は実は t に依らない. これは, 以下の (SL_{I}) の Stokes 係数の計算や次節で紹介する $\lambda_J(t;\alpha,\beta)$ の構造論の証明において一つの鍵となる, E_J の非常に重要な性質である.

関係式 (4.100) は, $x = \lambda_{J,0}^{(0)}(t)$ の近傍において (SL_J) が

$$
\text{(Can)} \quad \left(-\frac{\partial^2}{\partial z^2} + \eta^2 Q_{\mathrm{can}}(z,t,\eta)\right)\varphi(z,t,\eta) = 0
$$

に WKB 解析的に変換されることを示している. ただし,

(4.104)
$$Q_{\mathrm{can}} = 4z^2 + \eta^{-1} E_J(\eta) + \frac{\eta^{-3/2}\rho_J(t,\eta)}{z - \eta^{-1/2}\sigma_J(t,\eta)} + \frac{3\eta^{-2}}{4(z - \eta^{-1/2}\sigma_J(t,\eta))^2}$$

である．この方程式 (Can) は，一見したところでは $z=0$ に特異点を持っているように見えるけれども，それは見かけの特異点であり，1 階の連立方程式系の形に直せばわかるように，実は(第 1 章でも論じた) Weber 方程式に同値である．実際，(Can) の解 φ を用いて $\tilde{u}, \tilde{v}$ を

(4.105)
$$\begin{cases} \tilde{v} = (z - \eta^{-1/2}\sigma)^{1/2}\varphi, \\ \tilde{u} = (z - \eta^{-1/2}\sigma)^{-1}\left\{\dfrac{d}{dz}\tilde{v} + \eta^{1/2}\rho\tilde{v}\right\} \end{cases}$$

と定義し，さらに 1 次変換

(4.106)
$$\begin{pmatrix} u \\ v \end{pmatrix} = \begin{pmatrix} \eta^{-1/2} & 2\eta^{1/2} \\ -\eta^{-1/2} & 2\eta^{1/2} \end{pmatrix} \begin{pmatrix} \tilde{u} \\ \tilde{v} \end{pmatrix}$$

を施せば次が得られる．

(4.107)
$$\frac{d}{dz}\begin{pmatrix} u \\ v \end{pmatrix} = \eta \begin{pmatrix} 2z & -\eta^{-1/2}(\rho - 2\sigma) \\ -\eta^{-1/2}(\rho + 2\sigma) & -2z \end{pmatrix} \begin{pmatrix} u \\ v \end{pmatrix}.$$

特に，u は

(4.108)
$$\frac{d^2 u}{dz^2} = \eta^2(4z^2 + \eta^{-1}(E+2))u$$

を満たす．これは($\zeta = 2\eta^{1/2}z$ という座標変換を考えれば) Weber の微分方程式に他ならない．すなわち，2 重変わり点 $x = \lambda_{J,0}^{(0)}(t)$ の近傍において，(SL_J) は Weber 方程式に変換できる．

この $x = \lambda_{I,0}^{(0)}(t) = \lambda_0(t)$ での Weber 方程式への変換，及び単純変わり点での接続公式(定理 2.23) を利用して，(SL_I) の Stokes 係数は次のように計算される．例えば，(P_I) の Stokes 曲線の 1 つである $\{t; \arg t = 3\pi/5\}$ の近傍で考えよう．(SL_I) の Stokes 係数を計算するための(形式)解の基本系として，ここでは次のように正規化された WKB 解

(4.109) $\quad \psi_{\pm} = \dfrac{\sqrt{2\eta}}{\sqrt{S_{\mathrm{odd}}}} \exp \pm \left\{ \eta \displaystyle\int_{-2\lambda_0}^{x} S_{-1} dx + \displaystyle\int_{\infty}^{x} (S_{\mathrm{odd}} - \eta S_{-1}) dx \right\}$

を採用する．(もちろん S_{odd} は, (SL_{I}) に付随する Riccati 方程式の解の奇部分である．) 注意 4.16 で述べた関係式 (4.103) により，この解 (4.109) は変形方程式 (D_{I}) を満たすことに注意されたい．

さて，図 4.2 で見たように，$\arg t = 3\pi/5$ においては (SL_{I}) の 2 重変わり点 $x = \lambda_0(t)$ と単純変わり点 $x = -2\lambda_0(t)$ は (SL_{I}) の Stokes 曲線で結ばれており，この意味での (SL_{I}) の Stokes 幾何の「退化」は，$\arg t$ と $3\pi/5$ の大小に応じて異なる 2 通りの方法で「解消」される (図 4.3 及び図 4.4 参照)．この Stokes 曲線の形状の違いにより，(SL_{I}) の Stokes 係数の具体的な表示は，以下に見るように $\arg t$ と $3\pi/5$ の大小に応じて見かけ上異なってくる．

まず $\arg t < 3\pi/5$ では，(4.109) で与えられる $\psi_{\pm}$ を解の基本系としたときの領域 A から領域 B，及び領域 B から領域 C への接続行列 (それらは各々 2 つの対角成分が共に 1 の三角行列となる) の非対角成分が (独立な) Stokes 係数を与える (Stokes 係数の定義を思い起こされたい)．以下，それらを M_{AB}, M_{BC} と記すことにしよう．図 4.3 により，M_{AB}, M_{BC} は，2 重変わり点 λ_0 から出る Stokes 曲線を越えたときの (WKB 解 $\psi_{\pm}$ が満たすべき) 接続公式に現われる係数に他ならない．上述の $x = \lambda_0$ における Weber 方程式への変換を用いると，Weber 方程式 (4.108) の WKB 解に対する接続公式 (それは，本質的には第 1 章で証明した古典的な公式 (1.23) である) から，その係数を具体的に求めることができて，結果は次のようになる．

(4.110) $\quad (\arg t < 3\pi/5$ のとき$)$

$$\begin{cases} M_{AB} = C(t,\eta) \dfrac{\rho_{\mathrm{I}} - 2\sigma_{\mathrm{I}}}{2} \dfrac{\sqrt{2\pi}}{\Gamma(E_{\mathrm{I}}/4 + 1)} e^{-i\pi E_{\mathrm{I}}/4} (4\eta)^{E_{\mathrm{I}}/4}, \\ M_{BC} = C(t,\eta)^{-1} \dfrac{\rho_{\mathrm{I}} + 2\sigma_{\mathrm{I}}}{2} \dfrac{\sqrt{2\pi}}{\Gamma(-E_{\mathrm{I}}/4 + 1)} e^{i\pi(E_{\mathrm{I}}+1)/2} (4\eta)^{-E_{\mathrm{I}}/4}. \end{cases}$$

ただし $C(t,\eta)$ は，Weber 方程式への変換の際に WKB 解がどう対応するかを記述する (したがって x には依らない) 無限級数で，

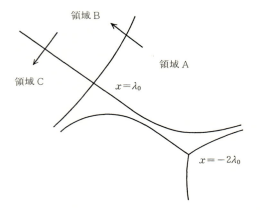

図 4.3　$\arg t < 3\pi/5$ での (SL_I) の Stokes 曲線.

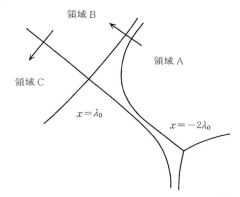

図 4.4　$\arg t > 3\pi/5$ での (SL_I) の Stokes 曲線.

(4.111) $$C(t,\eta) = \exp(C_{-1}(t)\eta) \sum_{j=0}^{\infty} C_{j/2}(t,\eta)\eta^{-j/2}$$

という形を持つ. 他方, $\arg t > 3\pi/5$ では, 領域 A から領域 B, 及び領域 B から領域 C への接続行列の非対角成分が Stokes 係数 M_{AB}, M_{BC} を与える点は同じであるが, 図 4.4 を見ればわかるように, M_{AB} には単純変わり点 $-2\lambda_0$ から出る Stokes 曲線の影響が現われてくる. 第 3 章で解説したモノドロミー群の計算の際と同様にして(例えば(3.23)式を参照), 単純変わり点で

の接続公式(定理 2.23)を利用すればその影響も具体的に計算することができて, M_{AB} は次のようになる.

$$(4.112) \quad M_{AB} = C(t,\eta)\frac{\rho_\mathrm{I} - 2\sigma_\mathrm{I}}{2}\frac{\sqrt{2\pi}}{\Gamma(E_\mathrm{I}/4+1)}e^{-i\pi E_\mathrm{I}/4}(4\eta)^{E_\mathrm{I}/4}$$
$$+ i\exp 2\int_{-2\lambda_0}^{\infty}(S_\mathrm{odd} - \eta S_{-1})dx.$$

ここで, (4.102)に注意すると,

$$(4.113) \quad 2\int_{-2\lambda_0}^{\infty}(S_\mathrm{odd} - \eta S_{-1})dx = \oint_{x=\lambda_0}(S_\mathrm{odd} - \eta S_{-1})dx$$
$$= \frac{i\pi E_\mathrm{I}}{2}.$$

したがって

(4.114)　($\arg t > 3\pi/5$ のとき)

$$\begin{cases} M_{AB} = C(t,\eta)\dfrac{\rho_\mathrm{I} - 2\sigma_\mathrm{I}}{2}\dfrac{\sqrt{2\pi}}{\Gamma(E_\mathrm{I}/4+1)}e^{-i\pi E_\mathrm{I}/4}(4\eta)^{E_\mathrm{I}/4} + ie^{i\pi E_\mathrm{I}/2}, \\ M_{BC} = C(t,\eta)^{-1}\dfrac{\rho_\mathrm{I} + 2\sigma_\mathrm{I}}{2}\dfrac{\sqrt{2\pi}}{\Gamma(-E_\mathrm{I}/4+1)}e^{i\pi(E_\mathrm{I}+1)/2}(4\eta)^{-E_\mathrm{I}/4} \end{cases}$$

が得られた. (4.110)及び(4.114)が, 各々 $\arg t < 3\pi/5$ 及び $\arg t > 3\pi/5$ における (SL_I) の Stokes 係数である.

先に述べた「モノドロミー不変性」, より正確には「Stokes 係数の不変性」は, (我々が基本解系として採用している WKB 解(4.109)が変形方程式 (D_I) を満足しているゆえ)この M_{AB}, M_{BC} がそれぞれ $\arg t = 3\pi/5$ の前後で同じ定数となることを意味する. 特に, $\arg t < 3\pi/5$ で (P_I) の解として $\lambda_\mathrm{I}^{(0)}$ を考えそれを (SL_I) の係数に代入しておけば, (4.110)により Stokes 係数 M_{AB}, M_{BC} の値(実は共に 0 であることが示せる)が決定され, その値が $\arg t > 3\pi/5$ においても同じであることから, $\lambda_\mathrm{I}^{(0)}$ の $\arg t > 3\pi/5$ への解析接続 $\lambda_\mathrm{I}(t; \alpha, \beta)$ のパラメータ (α, β) が満たすべき条件式が(4.114)により与えられる. 上述のように, この場合は (P_I) の持つ斉次性から (α, β) の(η に関する)最高次の部分 (α_0, β_0) のみ決定すれば十分なので, (4.111)の $C(t,\eta)$

の各係数のうち $C_{-1}(t)$ と $C_0(t,\eta)$ を具体的に計算することにより，次の $\lambda_{\mathrm{I}}^{(0)}$ に対する接続公式を得る．

定理 4.17 (P_I) の 0–パラメータ解 $\lambda_{\mathrm{I}}^{(0)}$ を Stokes 曲線 $\{t\in\mathbb{C}; \arg t = 3\pi/5\}$ を越えて解析接続すれば，2–パラメータ解 $\lambda_{\mathrm{I}}(t; \dfrac{i}{2\sqrt{\pi}}, 0)$ が現われる． □

一般の 2–パラメータ解に対しても，ここで論じた「Stokes 係数の不変性」により，その接続公式を具体的に論じることが可能である．詳しい議論は別の機会に譲ることとするが，例えば (α_0, β_0) を除いて他のすべての (α_j, β_j) が 0 であるような 2–パラメータ解 $\lambda_{\mathrm{I}}(t; \alpha_0, \beta_0)$ については，$\lambda_{\mathrm{I}}^{(0)}$ の場合にも用いた斉次性の議論を援用することができて，(4.111) の $C(t,\eta)$ が

$$(4.115) \qquad C(t,\eta) = -\frac{\alpha_0}{\rho_{\mathrm{I}} - 2\sigma_{\mathrm{I}}} 2^{(-E_{\mathrm{I}}+6)/4} 12^{5E_{\mathrm{I}}/8} \eta^{-E_{\mathrm{I}}/4}$$

と完全に決定される．この (4.115) と，やはり斉次性を利用して得られる

$$(4.116) \qquad E_{\mathrm{I}} = -8\alpha_0\beta_0$$

をあわせて用いれば，Stokes 曲線 $\{t; \arg t = 3\pi/5\}$ における $\lambda_{\mathrm{I}}(t; \alpha_0, \beta_0)$ に関する次の「接続公式」が得られる．

$$(4.117) \quad \begin{cases} -\alpha_0 2^{E/4+1} 12^{5E/8} e^{-i\pi E/4} \dfrac{\sqrt{\pi}}{\Gamma(E/4+1)} = m_1 \\ i\beta_0 2^{-E/4+1} 12^{-5E/8} e^{i\pi E/2} \dfrac{\sqrt{\pi}}{\Gamma(-E/4+1)} = m_2, \end{cases}$$

かつ

$$(4.118) \quad \begin{cases} ie^{i\pi\tilde{E}/2} - \tilde{\alpha}_0 2^{\tilde{E}/4+1} 12^{5\tilde{E}/8} e^{-i\pi\tilde{E}/4} \dfrac{\sqrt{\pi}}{\Gamma(\tilde{E}/4+1)} = m_1 \\ i\tilde{\beta}_0 2^{-\tilde{E}/4+1} 12^{-5\tilde{E}/8} e^{i\pi\tilde{E}/2} \dfrac{\sqrt{\pi}}{\Gamma(-\tilde{E}/4+1)} = m_2. \end{cases}$$

ここで，$\arg t < 3\pi/5$ における 2–パラメータ解 $\lambda_{\mathrm{I}}(t; \alpha_0, \beta_0)$ を $\arg t > 3\pi/5$ まで解析接続して得られる解を $\lambda_{\mathrm{I}}(t; \tilde{\alpha}_0, \tilde{\beta}_0)$ と書いた．E 及び $\tilde{E}$ はそれぞれ $-8\alpha_0\beta_0, -8\tilde{\alpha}_0\tilde{\beta}_0$ を表わす ((4.116) 参照)．$\lambda_{\mathrm{I}}^{(0)}$ の接続公式を求める際にも述べたように，接続公式 (4.117), (4.118) の意味は次の通りである；$\arg t <$

$3\pi/5$ における 2–パラメータ解が与えられた(すなわち，パラメータ (α_0, β_0) が与えられた)とき，まず(4.117)により (m_1, m_2) を計算する．次に，その (m_1, m_2) に対して(4.118)を $(\tilde{\alpha}_0, \tilde{\beta}_0)$ に関する陰関数の方程式と見なして解けば，$\lambda_\mathrm{I}(t; \tilde{\alpha}_0, \tilde{\beta}_0)$ が元の 2–パラメータ解 $\lambda_\mathrm{I}(t; \alpha_0, \beta_0)$ の $\arg t > 3\pi/5$ への解析接続を表わす．

注意 4.18 (m_1, m_2) が与えられたときに，実際に陰関数(4.118)を解くには，まず第1式の左辺の第1項を右辺に移項した後に，第2式と辺々掛け合わせる．すると，$\varGamma$-函数に関する公式(1.21)により，$\tilde{E}$ についての単独の方程式

$$(4.119) \qquad \exp\left(\frac{i\pi\tilde{E}}{2}\right) = \frac{1 + m_1 m_2}{1 - i m_2}$$

が得られる．これより $\tilde{E}$ を求めれば，再び(4.118)を用いることにより容易に $(\tilde{\alpha}_0, \tilde{\beta}_0)$ も求められる．しかし，(4.119)の形から明らかなように，一般には $\tilde{E}$ は(したがって $(\tilde{\alpha}_0, \tilde{\beta}_0)$ も)一意には決まらず，整数だけの任意性が残る．これらの解の中でどれが真に $\lambda_\mathrm{I}(t; \alpha_0, \beta_0)$ の解析接続を与えるものであるのかは，$(\alpha_0 = \beta_0 = 0$ の場合を除き)残念ながら現時点ではよくわからない．今後の進展が望まれるところ(の一つ)である．

§4.6　2–パラメータ解の構造定理

この節では，第4節で構成した (P_J) の 2–パラメータ解 $\lambda_J(t; \alpha, \beta)$ がどのような構造を持つかを明らかにする．結果は極めて簡明である；任意の $\tilde{\lambda}_J(\tilde{t}; \tilde{\alpha}, \tilde{\beta})$ に対し，然るべく 2–パラメータ α, β を選べば，ある変数の変換 $t = t(\tilde{t}, \eta)$ と未知函数の変換 $x(\tilde{x}, \tilde{t}, \eta)$ により $\tilde{\lambda}_J$ は $\lambda_\mathrm{I}(t; \alpha, \beta)$ に変換される，すなわち

$$(4.120) \qquad x(\tilde{\lambda}_J(\tilde{t}; \tilde{\alpha}, \tilde{\beta}), \tilde{t}, \eta) = \lambda_\mathrm{I}(t(\tilde{t}, \eta); \alpha, \beta)$$

が成立する．言い換えれば，一般の $\tilde{\lambda}_J(\tilde{t}; \tilde{\alpha}, \tilde{\beta})$ の構造の研究は $\lambda_\mathrm{I}(t; \alpha, \beta)$ の研究に帰着される．この結果は，本書の流れの中においては自然なものと理解されよう．単純変わり点の近傍では任意の Schrödinger 方程式が Airy 型の方程式に還元される，という第2章の主結果(定理2.15)の非線形版だからである．(もちろん，非線形方程式に対しては独立変数と未知函数の区別は内

在的なものではないから,ここで t の変換だけではなく λ の変換も必要となってはいる.)しかしながらこの結果は,例えば (P_{VI}) と比べて (P_{I}) が極めて簡単な形をしていること,また,(P_{VI}) の特異点を然るべく合流させて他の (P_J) を構成していくという方程式間の関係から見ても,意外性に富んだ結果と思われる.さらにもう一つ興味深いと思われるのは,(4.120)に現われる未知函数の変換を与える $x(\tilde{x}, \tilde{t}, \eta)$ が (SL_J) を (SL_I) に変換する $((x, t)$ という独立変数の)変換函数により与えられるという事実である.このように,結果も証明法も意外性に富み,しかも第2章の自然な延長線上に位置するものなので,前節の結果と組み合わせて解析的な結果を確立するという最終目標に未だ距離はあるけれども,あえて本章の結びとしてこの $\tilde{\lambda}_J(\tilde{t}; \tilde{\alpha}, \tilde{\beta})$ の構造論を紹介する.

まず,考える状況を記述するために,いくつかの記号を導入する(例 4.11 の状況である).なお,記号の便のため,(SL_J) に関係した量を表わす記号には,例えば $\tilde{\lambda}_J(\tilde{t}; \tilde{\alpha}, \tilde{\beta})$ のように ~ を付すこととする.今,$\tilde{t}_*$ を $\tilde{\lambda}_{J,0}^{(0)}$ の変わり点 $\tilde{r}$ から出る Stokes 曲線上の点 $(\tilde{t}_* \neq \tilde{r}$ と仮定する)とすれば,系 4.10 により (SL_J) のある単純変わり点 $\tilde{a}(\tilde{t}_*)$ が存在して,$\tilde{a}(\tilde{t}_*)$ と $\tilde{\lambda}_{J,0}^{(0)}(\tilde{t}_*)$ が (SL_J) の Stokes 曲線によって結ばれる.この $\tilde{a}(\tilde{t}_*)$ と $\tilde{\lambda}_{J,0}^{(0)}(\tilde{t}_*)$ を結ぶ (SL_J) の Stokes 曲線を $\tilde{\gamma}$ と記すこととし,以下 $\tilde{\gamma} \times \{\tilde{t}_*\}$ の近傍で (SL_J) を (SL_I) に変換することを試みる.本当は $\{\tilde{t}_*\}$ の近傍が十分大きく取れて $\tilde{r}$ を含んでくれると気持ちが良いのであるが,そこまで大域的な変換は不可能であることが知られている.

定理 4.19 (H_J) の任意の 2-パラメータ解 $(\tilde{\lambda}_J(\tilde{t}; \tilde{\alpha}, \tilde{\beta}), \tilde{\nu}_J(\tilde{t}; \tilde{\alpha}, \tilde{\beta}))$ に対して,適当な (α, β),すなわち (H_I) の 2-パラメータ解 $(\lambda_I(t; \alpha, \beta), \nu_I(t; \alpha, \beta))$ を選べば,ある $\tilde{\gamma}$ の近傍 $\tilde{U}$ 及び $\tilde{t}_*$ の近傍 $\tilde{V}$ 上で次の (i)~(v) が成立するような $x(\tilde{x}, \tilde{t}, \eta) = \sum_{j \geq 0} x_{j/2}(\tilde{x}, \tilde{t}, \eta) \eta^{-j/2}$ と $t(\tilde{t}, \eta) = \sum_{j \geq 0} t_{j/2}(\tilde{t}, \eta) \eta^{-j/2}$ が存在する.

(i) $x_0(\tilde{x}, \tilde{t}, \eta)$ は η に依らない $\tilde{U} \times \tilde{V}$ 上の正則函数であり,$t_0(\tilde{t}, \eta)$ は η に依らない $\tilde{V}$ 上の正則函数である.

(ii) x_0, t_0 は次の 4 つの関係式を満たす.

§4.6 2-パラメータ解の構造定理 —— 111

(4.121) $\tilde{U}\times\tilde{V}$ 上で $\dfrac{\partial x_0}{\partial \tilde{x}} \neq 0,$

(4.122) $\phi_{\mathrm{I}}(t_0(\tilde{t})) = \tilde{\phi}_J(\tilde{t})$

(ただし $\phi_{\mathrm{I}}, \tilde{\phi}_J$ は各々 (4.49) で与えられた函数),

(4.123) $x_0(\tilde{\lambda}_{J,0}^{(0)}(\tilde{t}), \tilde{t}) = \lambda_{\mathrm{I},0}^{(0)}(t_0(\tilde{t})),$

(4.124) $x_0(\tilde{a}(\tilde{t}), \tilde{t}) = a(t_0(\tilde{t}))\quad (= -2\lambda_{\mathrm{I},0}^{(0)}(t_0(\tilde{t}))).$

(iii) $x_{1/2}, t_{1/2}$ は共に恒等的に 0 である.

(iv) $x(\tilde{x},\tilde{t},\eta)$ と $t=t(\tilde{t},\eta)$ により $\tilde{\lambda}_J(\tilde{t}; \tilde{\alpha}, \tilde{\beta})$ は $\lambda_{\mathrm{I}}(t;\alpha,\beta)$ に変換される, すなわち

(4.125) $x(\tilde{\lambda}_J(\tilde{t};\tilde{\alpha},\tilde{\beta}),\tilde{t},\eta) = \lambda_{\mathrm{I}}(t(\tilde{t},\eta);\alpha,\beta).$

(v) (SL_J) のポテンシャル $\tilde{Q}_J$ の係数の $(\tilde{\lambda},\tilde{\nu})$ に $(\tilde{\lambda}_J(\tilde{t};\tilde{\alpha},\tilde{\beta}), \tilde{\nu}_J(\tilde{t};\tilde{\alpha},\tilde{\beta}))$ を, (SL_{I}) のポテンシャル Q_{I} の係数の (λ,ν) には $(\lambda_{\mathrm{I}}(t;\alpha,\beta), \nu_{\mathrm{I}}(t;\alpha,\beta))$ を代入するとき,

(4.126) $\tilde{Q}_J(\tilde{x},\tilde{t},\eta) = \left(\dfrac{\partial x(\tilde{x},\tilde{t},\eta)}{\partial \tilde{x}}\right)^2 Q_{\mathrm{I}}(x(\tilde{x},\tilde{t},\eta), t(\tilde{t},\eta), \eta)$

$\qquad\qquad\qquad -\dfrac{1}{2}\eta^{-2}\{x(\tilde{x},\tilde{t},\eta),\tilde{x}\}$

が成立する. □

注意 4.20 (4.126) の両辺で各々その 0 次部分の平方根をとり, さらに (4.42) と (4.123), (4.124) をあわせて考えれば, (4.122) は $t_0(\tilde{t})$ の満たすべき条件であることがわかる.

定理 4.19 の証明の詳細は [26] ($\tilde{\alpha}=\tilde{\beta}=0$ の場合) 及び [27] (一般の場合) に譲ることとし, ここでは, $\tilde{Q}_J$ の変換 (4.126) が $\tilde{\gamma}\times\{\tilde{t}_*\}$ の近傍で大域的に考えられているためにパラメータ (α,β) が定まる, ということのみ注意しておこう. ($\tilde{x}=\tilde{\lambda}_{J,0}^{(0)}(\tilde{t})$ の近傍での変換函数 $x(\tilde{x},\tilde{t},\eta)$ は, 一般には $\tilde{x}=\tilde{a}(\tilde{t})$ まで正則に延びることはないので, それが $\tilde{a}(\tilde{t})$ の近傍でも正則であるためにはある種の条件が必要となり, それが (α,β) の決定に用いられるのである. また

この事実は，前節の λ_I の接続公式の求め方が (SL_I) の 2 重変わり点と単純変わり点を結ぶ Stokes 曲線が現われる前後での Stokes 幾何の切り替わりを本質的に用いていたこととも整合している.）ただ，具体的に $(\tilde{\alpha}, \tilde{\beta})$ がどのように (α, β) と関係するかを，$J = \mathrm{II}$ の場合にその初項について記して本節を終えよう.

(4.127) $$\alpha_0 = (2^6 3^5 \alpha_\mathrm{II}^2)^{\tilde{\alpha}_0 \tilde{\beta}_0} \tilde{\alpha}_0,$$

(4.128) $$\beta_0 = (2^6 3^5 \alpha_\mathrm{II}^2)^{-\tilde{\alpha}_0 \tilde{\beta}_0} \tilde{\beta}_0,$$

ただし，ここで α_II は (P_II) に含まれるパラメータ α のことである（表 4.5 参照）．こうした $(\tilde{\alpha}, \tilde{\beta})$ と (α, β) の間の関係式が，(P_I) の接続公式から (P_J) の接続公式を導出する際に重要な役割を演じると期待される．

《要 約》

4.1 ある 2 階線形常微分方程式 (4.1) のモノドロミー保存変形により Painlevé 函数が現われる (§4.1).

4.2 (4.1) に大きなパラメータ η を導入して Schrödinger 方程式 (SL_VI) を得る．それが変形の方程式 (4.11) と両立するための条件として Hamilton 系 (4.14) が得られる．これを単独方程式の形に書いたものが大きなパラメータ η を持つ Painlevé 方程式 (P_VI) である (§4.1).

4.3 (SL_VI) の特異点の合流により（ただし，本書ではその具体的手続きについては論じていない）得られる $(SL_J)(J = \mathrm{I}, \mathrm{II}, \cdots, \mathrm{V})$，及びその手続きにより (P_VI) から得られる (P_J) などのリストが与えられた (§4.1).

4.4 (P_J)，あるいはそれと同値な Hamilton 系 (H_J) のある形式解 $(\lambda_J^{(0)}, \nu_J^{(0)})$ (0–パラメータ解と呼ぶ) を特異摂動的に構成できる (§4.2).

4.5 $\lambda_J^{(0)}$ の 0 次部分 $\lambda_{J,0}^{(0)}$ は (SL_J) の 2 重変わり点を与える (§4.3).

4.6 0–パラメータ解は，multiple-scale の方法で構成される形式解 (2–パラメータ解) でパラメータを 0 と置いたものである (§4.4).

4.7 0–パラメータ解の Borel 和の解析接続の様子を記述するのが 2–パラメータ解であり，特に (P_I) については，対応する線形方程式 (SL_I) の Stokes 係数を

計算することにより，その様子を具体的に解析することが可能である($\S 4.5$).

4.8 パラメータの対応を然るべく与えれば，$\tilde{\lambda}_J(\tilde{t};\tilde{\alpha},\tilde{\beta})$ は (P_{I}) の 2-パラメータ解 $\lambda_{\mathrm{I}}(t;\alpha,\beta)$ に変換される($\S 4.6$).

今後の方向と課題

「特異摂動の代数解析学」は，数学としては未だ歴史の浅いテーマであり，残された課題は数多い．例えば，対象を微分方程式に限定しても，高階常微分方程式や偏微分方程式系への理論の一般化など，すぐに思いつく問題には事欠かない．特に，第4章を踏まえて非線形微分方程式の構造論を特異摂動を用いて展開することは，重要な課題であろう．しかし，そうした将来の夢についてはひとまず置いて，ここでは，本書で取り上げた話題の周辺で重要だと思われるいくつかの事柄について本文の内容を補足する形で少しコメントを述べ，このテーマに関する「今後の方向と課題」をもう少し明確な形で探ってみることにしたい．

まず，Schrödinger 方程式の WKB 解析について述べよう．第3章第1節において，Fuchs 型方程式のモノドロミー群が，第2章で論じた接続公式を用いることによりいとも簡単に，そして非常に自然に計算されたことに，読者は少々驚かれたかも知れない．しかし，もともと WKB 解析は Schrödinger 方程式の固有値問題にその源を持ち，その意味では確定特異点よりも不確定特異点との関係が深い．例えば，$x = \infty$ に不確定特異点を持つ次の方程式を考えよう．

(A.1) $$\left(-\frac{d^2}{dx^2} + q(x)\right)\psi(x) = 0,$$

ただし，

(A.2) $$q(x) = x^\mu \sum_{j=0}^{\infty} q_j x^{-j} \qquad (q_0 \neq 0).$$

ここで μ は $\mu \geq -1$ なる整数である．（$\mu = -2$ または -3 なら $x = \infty$ は確定特異点，$\mu \leq -4$ なら正則点であることに注意．）この方程式(A.1)が $x = \infty$ において次の形の形式解を持つことは良く知られている（例えば大久保–河野

[32], 第3章第5節参照).

(A.3) $\quad \exp(P(x))\, x^\nu (1 + a_1 x^{-1/2} + a_2 x^{-1} + a_3 x^{-3/2} + \cdots),$

ただし，ν は方程式から定まる定数，また $P(x)$ は $x^{1/2}$ の多項式である：
$$P(x) = p_0 x^{(\mu+2)/2} + \cdots + p_{\mu+1} x^{1/2}.$$

(代表的な例としては，第1章で論じた Weber の微分方程式(1.10)及びその形式解(1.9). なお，μ が偶数のときは $x^{1/2}$ は現われず，形式解(A.3)は x の整数ベキのみで表わされる.) この形式解(A.3)の構成は，実は次のように WKB 解析を用いて行うのが最も自然である．すなわち，まず方程式(A.1)に大きなパラメータ η を

(A.4) $\quad \left(-\dfrac{d^2}{dx^2} + \eta^2 q(x) \right) \psi(x) = 0$

という形で導入し，その後この (η を含む) 方程式の WKB 解を作る．この場合，各 $S_j(x)$ $(j \geqq 0)$ は x について高々 $-(j+2)/2$ 次となるので，$S(x,\eta) - \eta S_{-1}(x) = \sum_{j \geqq 0} S_j(x) \eta^{-j}$ を x のベキで整理し直すことができる：

$$S(x,\eta) = \eta S_{-1}(x) + \sum_{k=0}^{\infty} t_k(\eta) x^{-(k+2)/2}.$$

ここで各 $t_k(\eta)$ は η^{-1} の多項式．方程式(A.1)の形式解(A.3)は，(A.4)の WKB 解を上のように x のベキで整理した後，$\eta = 1$ と置いたものに他ならない．(特に，(A.3)のうち $P(x)$ の部分は，$S_{-1}(x)$ のみによって決定される.) 確定特異点の場合とは異なり不確定特異点における形式解(A.3)は一般に収束しないが，この形式解の発散の問題は，上で見た形式解と WKB 解の対応を通じて，WKB 解の発散の問題と密接に関連しているのである．これが，第1章の議論が Schrödinger 方程式に対する WKB 解析の prototype となり得たことの根拠であり，また，第4章第5節で WKB 解析を用いて (SL_I) の Stokes 係数を具体的に計算することに成功した理由でもある．

この不確定特異点における形式解と WKB 解の関係は，彼自身の創意による再生函数(resurgent function)の理論を用いて Schrödinger 方程式の WKB 解析を論じた Ecalle も強く意識しているテーマである([15]参照)が，我々が「不確定特異点での形式解の発散の問題は，より根源的には特異摂動の問題

と捉えるべきである」と考え，さらに「その意味では不確定特異点よりも，確定特異点ばかりから成る Fuchs 型方程式を論じる方がより基本的である」と認識するに至ったのは，ひとえに佐藤幹夫先生の示唆による．WKB 解析の Fuchs 型方程式への応用が見事に成功した今，上で述べた関係を踏まえて，特異点の合流の問題も込めて不確定特異点を含む方程式を再び WKB 解析の立場から論じるのは，一つの興味深い問題であろう．そして，第 3 章の議論からも明らかなように，そこでは Stokes グラフが重要な役割を演じるはずである．特に，不確定特異点も含む方程式の Stokes グラフの解析にあたっては，第 3 章第 2 節で論じた Fuchs 型方程式の Stokes グラフの性質(定理 3.10；それは Fuchs 型方程式が「基本的な」方程式であることの一つの証左であると思われる)が有効に用いられるだろうと期待される．

一方，Schrödinger 方程式の WKB 解の持つ基本性質の解析の問題に目を向けてみよう．この方向の最初の問題として，ポテンシャル Q が η に依存する場合(つまり Q が (2.2) の形を持つとき)の exact WKB analysis の厳密な基礎付けは，未だ不十分であることにまず触れておこう．第 4 章の議論などに関連して，著者等が気にしている問題である．しかし，ポテンシャル Q が η に依存しない場合にも，以下に述べるような課題が存在する．すなわち，本書の第 2 章では exact WKB analysis において最も重要だと考えられる接続公式の導出に議論を絞ったが，命題 2.12 をはじめとしてこの理論を数学的に完全なものとして確立するためには，WKB 解の Borel 変換が「どこまでも解析接続できる」ことを確かめねばならない．別の言い方をすれば，WKB 解の Borel 変換の特異点の位置を完全に決定することが必要である．ここで，第 2 章で超局所解析を利用して示したように，変わり点 a を積分端点とする WKB 解

$$(\mathrm{A}.5) \qquad \psi_+(x, \eta) = \frac{1}{\sqrt{S_{\mathrm{odd}}}} \exp \int_a^x S_{\mathrm{odd}} dx$$

の Borel 変換 $\psi_{+,B}(x, y)$ は，$x = a$ の近傍において

$$(\mathrm{A}.6) \qquad y = \pm \int_a^x \sqrt{Q(x)}\, dx$$

に特異点を持っていたことを思い出そう．しかし，実際にはWKB解が積分路の選び方に依存していることの反映として，$\psi_{+,B}(x,y)$は，(A.6)の右辺の積分を(x-平面内で考え得る)あらゆる積分路に対して考えた上で，それらの点すべてに(一般的には)特異点を持っているのである．すなわち，$\psi_{+,B}(x,y)$の(y-平面内での)特異点は，$\int_\gamma \sqrt{Q(x)}\,dx$ (γは$\sqrt{Q(x)}$のRiemann面上の閉曲線)を周期とするある種の周期構造を有する．$\psi_{+,B}(x,y)$の特異点にこのような周期構造が存在する理由は，例えば次の簡単な考察からも推察されよう：

第2章定理2.23で，変わり点aから出たStokes曲線を越えたときのWKB解(A.5)の満たす接続公式 $\psi_+^1 = \psi_+^2 \pm i\psi_-^2$ を示したが，これは，$\psi_{+,B}(x,y)$が基点$y = -\int_a^x \sqrt{Q(x)}\,dx$以外に特異点$y = \int_a^x \sqrt{Q(x)}\,dx$を持っていた事実の反映であった．(Borel変換の逆変換であるLaplace変換は，平行移動を指数函数による掛け算に移すことに注意．基点以外に$\psi_{+,B}(x,y)$の特異点が存在したから，ψ_+は指数因子の異なるもう一つの解ψ_-を拾い込んだのである．)では，他の変わり点$\tilde{a}$から出たStokes曲線を越えたとき，同じ解(A.5)はどのように振る舞うであろうか．第3章で用いた議論(例えば(3.23)参照)によれば，ψ_+は次の形の接続公式を満たすはずである．

$$\psi_+^1 = \psi_+^2 \pm i \exp\left(2\int_a^{\tilde{a}} S_{\mathrm{odd}}\,dx\right)\psi_-^2.$$

これは，$\psi_{+,B}(x,y)$が $y = \int_a^x \sqrt{Q(x)}\,dx - 2\int_a^{\tilde{a}} \sqrt{Q(x)}\,dx$ にも特異点を持つことを意味する($2\int_a^{\tilde{a}} \sqrt{Q(x)}\,dx$が一つの周期を与えている)．

特に$\psi_{+,B}(x,y)$は，接続公式に関係した「動く特異点」$y = \int_a^x \sqrt{Q(x)}\,dx$以外に，基点$y = -\int_a^x \sqrt{Q(x)}\,dx$からちょうど周期だけずれた所に「動かない特異点」を持っている．(「動く」「動かない」は，xを変化させたときに，基点から見て相対的に動くかどうかを問題としている．) WKB解がBorel総和可能であるためには，この「動かない特異点」もBorel和を定義するLaplace積分の積分路とぶつからないことが必要であり，これが第3章第1節で(3.8)及び(3.12)を仮定した理由に他ならない．こうしたWKB解の

Borel 変換の特異点が持つ周期構造は，主としてポテンシャルが多項式の場合に，まず Voros により認識され([41, Chap. 5])，そして Ecalle により彼の再生函数の理論の枠組の中で一つの数学的な定式化が与えられた([14])．彼らはいずれも，「動く特異点」のみならず「動かない特異点」にも格別の注意を払っている；Voros [41] はポテンシャルが(特別な) 4 次式で与えられる Schrödinger 方程式のある種のスペクトル函数を解析する中で，また，Ecalle [14] は再生函数の理論において中心的な役割を果たす「alien derivative」(それは第 2 章で用いた不連続性 $\Delta_{\pm s(x)}\psi_{\pm,B}(x, y)$ の一般化である)として WKB 解の Borel 変換の「動かない特異点」における特異部分を取り出し，そしてその具体的な表示式を書き下すという形で．もちろん，「動かない特異点」を調べるためには適当なパラメータを動かして解析する必要がある(変数 x を変化させるだけでは動かない！)．しかし，例えば上述の周期構造が独立な周期を 3 個以上含む場合，特異点の集合そのものは(y-平面内で)稠密に分布するけれども，各々の特異点は Riemann 面の上で考えれば実際には離散的な孤立特異点である．この WKB 解の Borel 変換の持つ(多価解析函数としての)複雑さがこの解析を難しくしている大きな要因であり(Ecalle の再生函数の理論は，この種の複雑な多価函数の Riemann 面の構造を理解するための一つの試みであるとも見なし得る)，ニースのグループの研究に代表されるような，exact WKB analysis の基礎理論を(「動かない特異点」も含めて)より近づきやすいものにするための一層の努力が望まれる．

第 4 章で論じた「Painlevé 函数の WKB 解析」も，この問題意識に即して言えば，ある特別な Schrödinger 方程式 (SL_J) の(より正確には，その WKB 解の Borel 変換が持つ)「動かない特異点」の解析と密接に関連している．例えば第 4 章第 5 節の議論は，その関係の深さを雄弁に物語っていると言えよう．しかし，この「Painlevé 函数の WKB 解析」という主題には，特別な方程式を扱っているがゆえに一般論では見られない豊かな構造が内包されている．第 3 節や第 6 節の結果はその豊かさの現われと考えられるが，実際，第 4 章全体を通じて問題となっているのは t を動かしたときの変形という視点であり，したがって t-方向の変化を記述する変形方程式 (D_J) がこの理論の

あらゆる場面で(想像される以上に)重要な役割を果たしている。その一例として，紙数の関係で本文では触れられなかった次の注目すべき結果を，ここで紹介しておこう：

第4章第5節で，2重変わり点 $x = \lambda_{J,0}^{(0)}(t)$ における (SL_J) の (Can) への変換について述べた(定理4.15)．そこではそれを x–変数に関する変換として論じたわけだが，実際にはこの変換は (x,t)–変数に関する変換として実現できる([27])．もう少し詳しく述べれば，標準型を与える方程式

$$(\text{Can}) \qquad \left(-\frac{\partial^2}{\partial z^2} + \eta^2 Q_{\text{can}}\right)\varphi = 0,$$

ただし,

(A.7)
$$Q_{\text{can}} = 4z^2 + \eta^{-1}E + \frac{\eta^{-3/2}\rho}{z - \eta^{-1/2}\sigma} + \frac{3\eta^{-2}}{4(z - \eta^{-1/2}\sigma)^2}, \quad E = \rho^2 - 4\sigma^2$$

(第4章第5節と異なり，ここでは ρ, σ を単なるパラメータと見なしている)を，次の(s–変数に関する)変形方程式 (D_{can}) を用いて変形することを考える．

$$(D_{\text{can}}) \qquad \frac{\partial \varphi}{\partial s} = A_{\text{can}} \frac{\partial \varphi}{\partial z} - \frac{1}{2}\frac{\partial A_{\text{can}}}{\partial z}\varphi, \quad A_{\text{can}} = \frac{1}{2(z - \eta^{-1/2}\sigma)}.$$

(SL_J) と (D_J) の場合と同様に(実際にそれを確かめるのは今の場合の方がずっと易しいが)，この (Can) と (D_{can}) が両立するための条件は次の Hamilton 系で与えられる．

$$(H_{\text{can}}) \qquad \begin{cases} \dfrac{d\sigma}{ds} = -\eta\rho, \\ \dfrac{d\rho}{ds} = -4\eta\sigma. \end{cases}$$

このとき，連立方程式系 $(SL_J)\ \&\ (D_J)$ を (Can) $\&\ (D_{\text{can}})$ に移す(WKB 解析的な)変換

$$(z, s) = (z_J(x, t, \eta), s_J(x, t, \eta))$$

$$= \left(\sum_{j \geq 0} z_{j/2}(x,t,\eta) \eta^{-j/2}, \sum_{j \geq 0} s_{j/2}(t,\eta) \eta^{-j/2} \right)$$

が存在する(より正確な定式化については[27, §1]を参照).

(SL_J) だけでなく (D_J) も込めて標準型に変換できるというこの結果が,本書では詳しく述べることができなかった (SL_I) の Stokes 係数の計算(第4章第5節,実際には(4.115)で与えられる $C(t,\eta)$ を含む M_{AB}, M_{BC} の計算)や,2-パラメータ解 $\lambda_J(t;\alpha,\beta)$ の構造定理(定理4.19)の証明において本質的に用いられる.他方,さらに注目すべき点は,上記の結果は (SL_J) に (D_J) まで込めた連立方程式系の標準型を与えているので,その帰結として $((SL_J)$ と (D_J) の両立条件を記述している) Painlevé 方程式 (P_J) の標準型をも与えるという事実である.すなわち,我々は第4章第5節(定理4.15)で $(\sigma_J(t,\eta), \rho_J(t,\eta))$ という無限級数を導入したが,$(\lambda_J(t;\alpha,\beta), \nu_J(t;\alpha,\beta))$ から $(\sigma_J(t,\eta), \rho_J(t,\eta))$ への対応は可逆であり,この意味で (σ_J, ρ_J) は (P_J) に同値な Hamilton 系 (H_J) の新しい未知函数と見なし得る.すると,上記の結果は,この (σ_J, ρ_J) が変換 $s = s_J(x,t,\eta)$ により (H_{can}) の解に変換されることを主張する.より具体的には,次が成立する.

$$(A.8) \quad \begin{cases} \sigma_J(t,\eta) = A \exp(2\eta s_J(x,t,\eta)) + B \exp(-2\eta s_J(x,t,\eta)) \\ \rho_J(t,\eta) = -2A \exp(2\eta s_J(x,t,\eta)) + 2B \exp(-2\eta s_J(x,t,\eta)) \end{cases}$$

(A, B は定数,あるいは定数を係数とする η^{-1} の無限級数).換言すれば,(P_J) の解は(未知函数及び独立変数の変換により)形式的には指数函数を用いて表わされるのである.この事実を,Schrödinger 方程式の場合と比較してみることは実に興味深い.第2章では,Riccati 方程式を経由するという従来の方法で Schrödinger 方程式の WKB 解を求めたが,Riccati 方程式に(2.9)を組み合わせれば,Riccati 方程式の解 $S(x,\eta)$ の奇部分 S_{odd} は次の方程式を満たすことがわかる.

$$(A.9) \quad S_{\mathrm{odd}}^2 - \frac{1}{2}\left\{ \frac{S_{\mathrm{odd}}''}{S_{\mathrm{odd}}} - \frac{3}{2}\left(\frac{S_{\mathrm{odd}}'}{S_{\mathrm{odd}}}\right)^2 \right\} = \eta^2 Q.$$

これは,(2.51)や(4.100)などの「変換の関係式」と比べてみれば明らかなよ

うに，$x(\tilde{x},\eta) = \eta^{-1}\int^{\tilde{x}} S_{\mathrm{odd}}(\tilde{x},\eta)d\tilde{x}$ という変換によって一般の Schrödinger 方程式(2.1)(ただし独立変数は $\tilde{x}$ と記す)が $(-d^2/dx^2+\eta^2)\psi=0$ という指数函数の満たす方程式に変換されることを意味している．特に，WKB 解の表示(2.11)は，WKB 解の「変換則」(2.58)において変換函数として $x(\tilde{x},\eta)$ を，また $\psi_\pm$ として指数函数 $\exp(\pm\eta x)$ をとったときの $\tilde{\psi}_\pm$ の表示に一致する．すなわち，Schrödinger 方程式の WKB 解もまた，未知函数の変換(ψ から $\exp(\int^x S_{\mathrm{odd}}dx)$ への変換)と独立変数の変換(上記 $x(\tilde{x},\eta)$)によって形式的には指数函数を用いて表わされるのである．こうして，Painlevé 方程式と Schrödinger 方程式の WKB 解析に，いわば同じ枠組——つまり，適当な(WKB 解析的な)形式変換(もちろん，その構成の仕方はそれぞれの場合で異なるけれども)により方程式を指数函数の満たす方程式に変換した上で，指数函数とそれらの形式変換により表わされる形式解を主役として解析を行う——が与えられたことになる．これらの形式変換は，いずれの場合も変わり点及び方程式の特異点を除いては(η^{-1} に関する展開の各係数が)正則である．しかしその一方で，変わり点においては特異性を持ち，正則性を要請する限り変わり点の近傍では指数函数にまでは還元され得ず，当然その特異性の構造を残した方程式にまでしか変換されない．第 2 章第 3 節や第 4 章第 6 節の結果は，単純変わり点の場合には，そうした方程式の中で最も簡単な「標準型」として Schrödinger 方程式の場合は Airy 型の方程式(2.27)を，また Painlevé 方程式の場合は (P_I) を採用できることを主張しているのである．このように Schrödinger 方程式と Painlevé 方程式を同じ枠組で理解してみると，Painlevé 方程式が決して特殊な例だったのではなく，さらに一般の非線形常微分方程式に対しても「特異摂動の代数解析学」の一般論を展開できる可能性があるような気がしてくるが, ．どうだろうか？

さらに，第 4 章第 4 節で論じた multiple-scale の方法は，より広いクラスの非線形方程式に対しても適用可能であるように見える．したがって，上述の指数函数への変換という点を別にすれば，かなり一般の非線形方程式についてインスタントン項 $\exp(n\eta\phi(t))$ (n は整数, $\phi(t)$ は独立変数 t の函数)を

持つ形式解が構成されるだろうと期待される．ただし，Painlevé 方程式の場合にすでに見られたように，こういったインスタントン解は一般に正負両方のインスタントン項を同時に含み（すなわち，上記の n は $-\infty$ から $+\infty$ まですべての整数値を取り得る），それに解析的な意味を賦与することは一つの大きな問題である．この問題に関しては，1階の非線形方程式である Riccati 方程式

$$(\mathrm{A}.10) \qquad \frac{\partial u}{\partial x} = \eta(Q(x) - u^2)$$

（ここでは，(2.3)の代わりに，$u = \eta^{-1} S(x)$ を未知函数にとった上記の形の方程式を考える）の場合の経験が参考になるだろう．第2章第1節において説明した WKB 解の構成からも明らかなように，この方程式(A.10)は，Schrödinger 方程式(2.1)と同値な方程式（実際，(2.1)の解の対数微分に η^{-1} を掛ければ(A.10)の解が得られる）であり，(2.1)の2つの1次独立な WKB 解 $\psi_\pm$ に対応して，(A.10)は $u_{\pm,0} = \pm\sqrt{Q(x)}$ で始まる2つの（η^{-1} に関する）形式ベキ級数解 $u_\pm^{(0)} = u_{\pm,0} + \eta^{-1} u_{\pm,1} + \eta^{-2} u_{\pm,2} + \cdots$ を持っている．さらに，

$$(\mathrm{A}.11) \qquad \phi_\pm(x) = \pm 2 \int^x \sqrt{Q(x)}\, dx$$

と定めれば，次の形のインスタントン型の展開を持つ(A.10)の1-パラメータの形式解が存在することも容易にわかる．（この場合は1-パラメータの形式解ゆえ，multiple-scale の方法を持ち出す必要はない．注意4.12も参照．）

$$(\mathrm{A}.12)$$
$$u_\pm(x;\alpha) = u_\pm^{(0)} + \alpha \exp(-\phi_\pm(x)\eta) u_\pm^{(1)} + \alpha^2 \exp(-2\phi_\pm(x)\eta) u_\pm^{(2)} + \cdots,$$

ここで α は自由パラメータ，$u_\pm^{(j)}\, (j \geq 1)$ は $u_\pm^{(0)}$ から一意的に定まる η^{-1} の形式ベキ級数である．この展開(A.12)において，$\phi_\pm(x)$ はちょうど符号が反対であるから，$\phi_\pm(x)$ が純虚数でない限り $\exp(-\phi_\pm(x)\eta)$ のどちらか一方は絶対値が1より真に大きく，したがって形式解 $u_\pm(x;\alpha)$ のうちの一方の展開は実はまったく意味を成さない．ところが，上述の Riccati 方程式(A.10)と Schrödinger 方程式(2.1)の関係を考慮に入れて，例えば(2.1)の（一般）解

$c_+\psi_+ + c_-\psi_-$ に対応する(A.10)の解を形式的に求めれば,

$$\eta^{-1}\frac{d}{dx}\log(c_+\psi_+ + c_-\psi_-)$$

$$= \eta^{-1}\frac{d}{dx}\log\left\{c_+\psi_+\left(1+\frac{c_-\psi_-}{c_+\psi_+}\right)\right\}$$

$$= \eta^{-1}\frac{d}{dx}\log\psi_+ + \eta^{-1}\frac{d}{dx}\log\left\{1+\frac{c_-}{c_+}\exp\left(-2\int^x S_{\text{odd}}dx\right)\right\}$$

$$= u_+^{(0)} + \eta^{-1}\frac{d}{dx}\sum_{n=1}^{\infty}(-1)^{n-1}\frac{1}{n}\left(\frac{c_-}{c_+}\right)^n\exp\left(-2n\int^x S_{\text{odd}}dx\right)$$

$$= u_+^{(0)} + 2\sum_{n=1}^{\infty}(-1)^n\left(\frac{c_-}{c_+}\right)^n(\eta^{-1}S_{\text{odd}})\exp\left(-2n\int^x S_{\text{odd}}dx\right)$$

となり,これは $u_+(x; c_-/c_+)$ という(A.10)の解に他ならない.同じように,$c_-\psi_-$ を中心として展開すれば,(2.1)の同じ解 $c_+\psi_+ + c_-\psi_-$ から,我々は $u_-(x; c_+/c_-)$ という(A.10)の解を得ることもできる.すなわち,$u_+(x;\alpha)$ と $u_-(x;1/\alpha)$ は,実は(形式的には)$\psi_\pm$ の1次結合で表わされる(2.1)の同一の解に対応しており(したがって,本来(A.10)の同じ解を表わしていると考えるべきであろう),そのうちの一方のインスタントン展開が意味を持たないのは,$\log(1+z)$ の $z=0$ における Taylor 展開の式を絶対値の大きい z に対しても形式的に適用するという「過ち」を犯したがためだったわけである.我々は,これと同じような状況が Painlevé 方程式のインスタントン解についても起こっているのだろう,と想像している.しかし,Painlevé 方程式の場合には,Riccati 方程式(A.10)の場合にこの現象を見事に説明した Schrödinger 方程式(2.1)に相当する微分方程式(あるいは微分方程式以外の数学的対象かも知れぬ)が少なくとも現時点では見出されておらず,この想像を確かめる術がないのが現状である.一体,Painlevé 方程式のインスタントン解のこの「発散」は,どこに由来するのであろうか?

以上,本文を補足する形で「今後の方向と課題」に関するいくつかのコメントを述べてきた.Schrödinger 方程式と Riccati 方程式とが同値であることを念頭に置けば,常微分方程式については(「動く分岐点を持たない」という性質を仮定する限り)2階までの方程式のかなりの部分をこの「特異摂動の

代数解析学」という視点から論じることができるようになったと言ってもよいであろう．しかし，ここまで述べてきたように，より広い世界を扱う「一般論」が存在する可能性も決して低くはないと思われる．特に，超局所解析学を補完する形でこうした「特異摂動の代数解析学」の一般論が完成すれば，解析学に新しい展開がもたらされることは間違いなかろう．この著者等の夢がいつの日か実現することを願って，本書を終えることとしたい．

追記

本書講座版刊行以降の，当分野の進展には著しいものがあるけれど，その方向を示す文献としての本書の価値は減じていないと思われる．ただ，そのような最近の進展に興味を持たれた読者のために，いくつかの文献を追加しておきたい．読者の便宜のため，簡単なメモも付しておく．

[A]　*Toward the Exact WKB Analysis of Differential Equations, Linear or Non-Linear*, C. J. Howls, T. Kawai and Y. Takei ed., Kyoto University Press, 2000.

1998年に京都で開催された国際会議の報告集．

[B]　T. Kawai and Y. Takei, *Algebraic Analysis of Singular Perturbation Theory*, AMS, 2005.

本書の英訳であるが，Supplementとして付記した分はこの理論の現況を知るために有益であろう．取り上げられている主題は，(1)高階常微分方程式の完全WKB解析，(2)完全最急降下法，(3)高階Painlevé方程式の構造論，の3つである．

[C]　*Algebraic Analysis of Differential Equations*, T. Aoki, H. Majima, Y. Takei and N. Tose ed., Springer-Verlag, 2008.

2005年に京都で開催された国際会議の報告集．仮想的変わり点，高階Painlevé方程式のインスタントン解の構成等，最新の結果が収録されている．

[D]　(i) T. Kawai and Y. Takei, Half of the Toulouse Project Part 5 is completed — Structure theorem for instanton-type solutions of $(P_J)_m$ ($J=$ I, II or IV) near a simple P-turning point of the first kind, *RIMS Kôkyûroku Bessatsu*, **B5**(2008), 99–115.

(ii) T. Aoki, T. Kawai and Y. Takei, The Bender-Wu analysis and the Voros theory, II, RIMS preprint (RIMS–1616), 2007.

(i)は本書第4章の延長線上に位置する最新の結果の報告であり，(ii)は本書第2章をより高い立場からわかりやすく論じたものである．この2論文は，その趣は一見したところ大変異なるけれど，やはりいずれも本書の続編と位置付けするに相応しいものと言えよう．

参考文献

[1] T. Aoki, T. Kawai and Y. Takei, The Bender-Wu analysis and the Voros theory, ICM-90 Satellite Conf. Proc. *"Special Functions"*, Springer-Verlag, 1991, pp. 1–29.

[2] 青木貴史, 河合隆裕, 竹井義次, 特異摂動の代数解析学—exact WKB analysis について—, 数学, **45**(1993), 299–315.

[3] T. Aoki, T. Kawai and Y. Takei, WKB analysis of Painlevé transcendents with a large parameter. II. —Multiple-scale analysis of Painlevé transcendents, Conf. Proc. *"Structure of Solutions of Differential Equations"*, World Scientific, 1996, pp. 1–49.

[4] T. Aoki and J. Yoshida, Microlocal reduction of ordinary differential operators with a large parameter, *Publ. Res. Inst. Math. Sci.*, **29**(1993), 959–975.

[5] W. Balser, *From Divergent Power Series to Analytic Functions*, Lect. Notes in Math. No. 1582, Springer-Verlag, 1994.

[6] C. M. Bender and S. A. Orszag, *Advanced Mathematical Methods for Scientists and Engineers*, McGraw-Hill, 1978.

[7] C. M. Bender and T. T. Wu, Anharmonic oscillator, *Phys. Rev.*, **184** (1969), 1231–1260.

[8] B. Candelpergher, J. C. Nosmas et F. Pham, *Approche de la résurgence*, Hermann, 1993.

[9] L.-Y. Chen, N. Goldenfeld and Y. Oono, Renormalization group and singular perturbations: Multiple scales, boundary layers, and reductive perturbation theory, *Phys. Rev. E*, **54**(1996), 376–394.

[10] E. Delabaere, H. Dillinger et F. Pham, Résurgence de Voros et périodes des courbes hyperelliptiques, *Ann. Inst. Fourier (Grenoble)*, **43**(1993), 163–199.

[11] E. Delabaere, H. Dillinger and F. Pham, Exact semi-classical expansions

for one dimensional quantum oscillators, *J. Math. Phys.*, **38**(1997), 6126–6184.

[12] R. B. Dingle, *Asymptotic Expansions: Their Derivation and Interpretation*, Academic Press, 1973.

[13] J. Ecalle, Les fonctions résurgentes. I–III, *Publ. Math. Université Paris-Sud*, 1981 et 1985.

[14] J. Ecalle, Cinq applications des fonctions résurgentes, Prépublication d'Orsay 84T62, Univ. Paris-Sud, 1984.

[15] J. Ecalle, Weighted products and parametric resurgence, Conf. Proc. *"Analyse algébrique des perturbations singulières. I: Méthodes résurgentes"*, Hermann, 1994, pp. 7–49.

[16] J.-P. Eckmann and H. Epstein, Borel summability of the mass and the S-matrix in φ^4 models, *Comm. Math. Phys.*, **68**(1979), 245–258.

[17] 江沢洋, 漸近解析, 岩波講座 応用数学, 岩波書店, 1995.

[18] R. Fuchs, Sur quelques équations différentielles linéaires du second ordre, *C. R. Acad. Sci. Paris*, **141**(1905), 555–558.

[19] R. Fuchs, Über lineare homogene Differentialgleichungen zweiter Ordnung mit drei im Endlichen gelegene wesentlich singulären Stellen, *Math. Ann.*, **63**(1907), 301–321.

[20] G. H. Hardy, *Divergent Series*, Oxford Univ. Press, 1949.

[21] H. Jeffreys, On certain approximate solutions of linear differential equations of the second order, *Proc. London Math. Soc.* (2), **23**(1924), 428–436.

[22] 神保道夫, ホロノーム量子場, 講座『現代数学の展開』, 岩波書店, 1998.

[23] M. Jimbo, T. Miwa and K. Ueno, Monodromy preserving deformation of linear ordinary differential equations with rational coefficients. I, *Physica D*, **2**(1981), 306–352.

[24] 柏原正樹, 河合隆裕, 木村達雄, 代数解析学の基礎, 紀伊國屋数学叢書 18, 紀伊國屋書店, 1980.

[25] T. Kawai and Y. Takei, WKB analysis and deformation of Schrödinger equations, 数理解析研究所講究録 No. 854, 1993, pp. 22–42.

[26] T. Kawai and Y. Takei, WKB analysis of Painlevé transcendents with a large parameter. I, *Adv. in Math.*, **118**(1996), 1–33.

[27] T. Kawai and Y. Takei, On the structure of Painlevé transcendents with a large parameter. II, *Proc. Japan Acad.*, Ser. A, **72**(1996), 144–147.

[28] J. Magnen and R. Sénéor, Phase space cell expansion and Borel summability for the Euclidean φ_3^4 theory, *Comm. Math. Phys.*, **56**(1977), 237–276.

[29] 森口繁一, 宇田川銈久, 一松信, 数学公式 III ―特殊函数―, 岩波書店, 1960.

[30] K. Okamoto, Isomonodromic deformation and Painlevé equations, and the Garnier systems, *J. Fac. Sci. Univ. Tokyo*, Sect. IA, **33**(1986), 575–618.

[31] 岡本和夫, パンルヴェ方程式序説, 上智大学数学講究録 No. 19, 1985.

[32] 大久保謙二郎, 河野実彦, 漸近展開, シリーズ新しい応用の数学 12, 教育出版, 1976.

[33] F. Pham, Resurgence, quantized canonical transformations, and multi-instanton expansions, *Algebraic Analysis*, Vol. II, Academic Press, 1988, pp. 699–726.

[34] 佐藤幹夫, 青木貴史, 河合隆裕, 竹井義次, 特異摂動の代数解析, 数理解析研究所講究録 No. 750, 1991, pp. 43–51（金子晃記）.

[35] M. Sato, T. Kawai and M. Kashiwara, Microfunctions and pseudodifferential equations, Lect. Notes in Math. No. 287, Springer-Verlag, 1973, pp. 265–529.

[36] H. J. Silverstone, JWKB connection-formula problem revisited via Borel summation, *Phys. Rev. Lett.*, **55**(1985), 2523–2526.

[37] 高野恭一, 常微分方程式, 新数学講座 6, 朝倉書店, 1994.

[38] Y. Takei, On a WKB-theoretic approach to the Painlevé transcendents, Conf. Proc. "*XIth International Congress of Mathematical Physics*", International Press, 1995, pp. 533–542.

[39] Y. Takei, On the connection formula for the first Painlevé equation ― from the viewpoint of the exact WKB analysis―, 数理解析研究所講究録 No. 931, 1995, pp. 70–99.

[40] G. 't Hooft, Can we make sense out of "Quantum Chromodynamics"?, "*The Whys of Subnuclear Physics*" (Proc. 1977 International School of Subnuclear Physics held in Erice, Italy), Plenum Press, 1979, pp. 943–971.

[41] A. Voros, The return of the quartic oscillator. The complex WKB method, *Ann. Inst. Henri Poincaré*, **39**(1983), 211–338.

欧文索引

Airy-type equation 21
apparent singular point 71
bicharacteristic curve 18
Borel resummation 1
Borel sum viii
Borel summability ix
Borel summable 3
Borel transform ix
Borel transformable 3
Borel transformation viii
characteristic exponent 35
confluence 75
connection formula vii
contour integral x, 43
deformation equation 75
discontinuity 24
exact WKB analysis ix
Fuchsian type 44
hypergeometric function 23
instanton-type solution 88
irregular singular point 5
isomonodromic deformation x
microdifferential operator 39
microlocal analysis v

monodromy group 43
monodromy representation 45
multiple-scale method 90
non-secularity condition 93
Painlevé equation 72
Painlevé transcendent vii
regular singular point 34
resurgent function 116
Riccati equation 14
Schrödinger equation vii
Schwarzian derivative 29
simple turning point 16
singular perturbation v
Stokes curve 20
Stokes geometry 59
Stokes graph 59
Stokes multiplier 10
Stokes phenomenon 5
Stokes region 26
turning point viii, 16
Weber equation 5
WKB analysis vii
WKB solution vii

和文索引

Airy 型の方程式 21
Borel (総) 和 viii, 1
　——可能 ix, 3
　——法 1

Borel 変換 viii, 1
　——可能 3
　——(像) ix, 2
WKB 解の——の動かない特異点

118
Fuchs 型　44
multiple-scale の方法　90
Painlevé 函数　vii, 69
　——の exact WKB 解析　69
Painlevé 方程式　72, 78
　——に関連する Schrödinger 方程式　75, 76
Riccati 方程式　14, 123
Schrödinger 方程式　vii, 14
　——の exact WKB 解析　13
Schwarz 微分　29
Stokes 幾何学　59
Stokes 曲線　20
　$\lambda_J^{(0)}$ に対する——　83
Stokes グラフ　59, 60
Stokes 領域　26
Weber 函数　6
Weber 方程式　5, 104
WKB 解　vii, 14
WKB 解析　vii
　exact——　ix

ア 行

インスタントン解　88, 98, 123
　——の構造定理　109
永年条件　93

カ 行

確定特異点　34
　——における特性指数　35
変わり点　viii, 16
　$\lambda_J^{(0)}$ の——　83
　$\lambda_J^{(0)}$ の単純——　83

単純——　16
擬微分作用素　39
合流　75

サ 行

再生函数　116
周回積分　x, 43
接続公式　vii
　$\lambda_I^{(0)}$ に対する——　99, 108
　Painlevé 函数の——　vii
　WKB 解の——　viii, 28, 41

タ 行

超幾何函数　23
超局所解析学　v
特異摂動　v

ハ 行

陪特性曲線　18
不確定特異点　5, 115
　——における Stokes 係数　10
　——における Stokes 現象　5
　——における形式解　115
不連続性　24
変形方程式　75, 77

マ 行

みかけの特異点　71
モノドロミー
　——行列　45
　——群　43, 45
　——表現　45
モノドロミー保存変形　x, 71

■岩波オンデマンドブックス■

特異摂動の代数解析学

2008 年 5 月 8 日　第 1 刷発行
2018 年 7 月10日　オンデマンド版発行

著　者　河合隆裕　竹井義次

発行者　岡本　厚

発行所　株式会社　岩波書店
　　　　〒101-8002　東京都千代田区一ツ橋 2-5-5
　　　　電話案内　03-5210-4000
　　　　http://www.iwanami.co.jp/

印刷／製本・法令印刷

© Takahiro Kawai, Yoshitsugu Takei 2018
ISBN 978-4-00-730785-0　Printed in Japan